碳排放预测与碳信息披露

王希胜/著

中国水利水电出版社
www.waterpub.com.cn
·北京·

内 容 提 要

本书对碳减排问题进行深入研究,通过对碳排放的因素进行分析,对碳排放的数据进行核算和预测,提出一套碳排放的评价和减排研究体系。

本书主要内容涵盖中国碳排放的智能预测、河南省碳排放峰值研究、碳信息披露影响因素分析——中国制造业上市公司面板数据的实证研究等。

本书结构合理,条理清晰,内容丰富新颖,可供相关研究人员参考使用。

图书在版编目（C I P）数据

碳排放预测与碳信息披露 / 王希胜著. -- 北京：中国水利水电出版社，2018.11（2024.1重印）
  ISBN 978-7-5170-7110-5

Ⅰ. ①碳… Ⅱ. ①王… Ⅲ. ①二氧化碳－排污交易－研究 Ⅳ. ①X511

中国版本图书馆CIP数据核字(2018)第249538号

书　　名	**碳排放预测与碳信息披露** TAN PAIFANG YUCE YU TAN XINXI PILU
作　　者	王希胜　著
出版发行	中国水利水电出版社 （北京市海淀区玉渊潭南路 1 号 D 座 100038） 网址：www. waterpub. com. cn E-mail：sales@waterpub. com. cn 电话：(010)68367658(营销中心)
经　　售	北京科水图书销售中心(零售) 电话：(010)88383994、63202643、68545874 全国各地新华书店和相关出版物销售网点
排　　版	北京亚吉飞数码科技有限公司
印　　刷	三河市华晨印务有限公司
规　　格	170mm×240mm　16 开本　10.5 印张　168 千字
版　　次	2019 年 3 月第 1 版　2024 年 1 月第 2 次印刷
印　　数	0001—2000 册
定　　价	50.00 元

前　言

近年来，温室气体排放增加导致的全球变暖而造成的气候异常给全球带来了巨大的灾难和损失。从 1997 年《京都议定书》的签订到 2012 年形成的《哥本哈根协议》再到 2015 年达成的《联合国气候变化框架公约》，无不体现了世界各国对气候变暖的重视。中国作为负责任的世界大国，积极应对国际形势变化，在国际上关于碳减排的三个承诺是中国转变经济发展方式，提升工业发展模式，提高能源利用效率，降低污染物排放。鉴于此，碳排放预测显得尤为重要。中国作为公约的缔结方，却是世界上碳排放量最大的国家，而在中国碳排放的主体是制造业，同时制造业也是造成空气污染的主要行业。因此，进行碳排放预测，完善企业碳信息披露的内容、规范企业碳信息披露的形式、提高企业碳会计信息披露水平具有较强的理论意义和现实意义。

本书在研究碳排放预测及碳信息披露时，首先对国内学者的大量文献进行研究，总结归纳出因素分解分析法、模型及峰值预测法、减排潜力和路径分析三个相关的研究内容，进而对中国碳排放以及碳减排方法进行研究。其次，对河南省 2005 年—2030 年 25 年间的宏观经济数据、工业增加值、生产、人口、城镇化率、机动车保有量、能源（煤炭、石油、天然气）消耗量以及相关的创新和科研数据进行处理测算。建立河南省全社会碳排放的工业、商民、交通运输、农业和土林四个二级子系统，其间有些方程用计量的方法做回归分析、因果检验，在 Vensim 软件中键入方程、录入数据、运行得到各领域碳排放在现情景下的预测结果，并汇集成河南省全社会碳排放概况。在四个二级子系统中分别考虑 2030 年碳排放比 2005 年下降 60%～65% 的约束条件，运行得到强约束情景下的碳排放结果，并进行对比分析。最后，通过分析制造业的行业特点和碳信息披露的内容和形式，进而分析企业碳会计信息披露的现状和存在的问题。财务特征和公司特征两方面进行理论分析并提出假设，对样本选取和数据来源进行说明并通过分析被解释变量的评分标准、分析解释变量及控制变量进而构建模型；实证分析，首先通过描述性统计分析、相关性检验和多元回归分析，得出所选变量对碳会计信息披露水平的影响程度，然后对实证结果进行分析，最后做稳健性检验，确保回归结果的可靠性。

规范分析和实证分析的结果表明：智能预测模型中，BP 神经网络和 RBF 神经能输出较好的拟合效果，大体反应了预测输出和期望输出的相同趋势。河南省碳排放工作中，节能降碳工作深入实施，成效明显。但同时刚性需求快速增长，节能潜力得到较大程度释放，能源结构调整进入瓶颈期，节能降碳压力大。制造业上市公司碳信息披露水平近几年整体呈上升趋势。大多数公司内部缺乏相应的专业人才，也没有标准的碳排放核算体系。因此，我国的碳会计信息披露还有很大的发展空间。

因此，鼓励低碳的生活方式是实现减碳途径的重要保证；优化产业结构，尽早实现第三产业占比目标。中国碳会计信息披露还有很大的提升空间，国家也需要出台相应的政策来提高企业碳会计信息披露的意识，规范企业碳会计信息的披露内容和形式，使之具有可比性，满足信息使用者对碳会计信息的使用。

本书由华北水利水电大学王希胜所著，在撰写过程中，陈腾飞、郭丰垒参与了第 3 章的部分撰写、校对，王莹、黄婷婷、常慧青参与了第 4 章的部分撰写、校对，张月和舒敏参与了第 5 章的部分撰写、校对，感谢他们的辛勤付出。

本书受到国家社会科学基金"时空分异视角下碳交易对我国区域经济发展的影响研究"（16BJL076）；河南省教育厅人文社会科学研究一般项目（2019-ZZJH-051）资助。

作者

2018 年 6 月

目　录

第1章　绪　论

1.1　研究背景

近年来,温室气体排放增加导致的全球变暖而造成的气候异常给全球带来了巨大的灾难和损失。世界气象组织(WMO)发布的数据统计显示,2011—2016年是有气象记录以来最暖的六年,平均气温高出1961—1990年标准参照期平均值的0.57℃。全球变暖导致了海平面上升、暴风雨频率增加、极端天气变化异常、某些动植物灭绝等,这些都影响着人们的生活,全球变暖导致的北极冰川融化也对人类的生存造成了严重的影响。

人们意识到了全球变暖造成的危害,并积极应对。从1997年《京都议定书》的签订到2012年形成的《哥本哈根协议》再到2015年达成的《联合国气候变化框架公约》,无不体现了世界各国对气候变暖的重视。中国作为公约的缔结方,是世界上碳排放量最大的国家,而在中国碳排放的主体是制造业,同时制造业也是造成空气污染的主要行业。因此,完善企业碳信息披露的内容、规范企业碳信息披露的形式、提高企业碳会计信息披露水平就显得尤为重要。中国政府积极应对全球变暖的趋势,把发展低碳经济、降低碳排放量纳入国家发展规划中,2015年6月30日,中国政府承诺到2030年单位GDP二氧化碳排放量比2005年下降60%~65%,习近平总书记在党的十九大报告中也着重强调了要发展绿色低碳经济。近年来,我国政府相关部门和监督机构也陆续颁布了关于碳会计信息披露的一些规定,但由于这些规定没有强制的法律约束,企业对其重视程度不够,使得碳会计信息披露水平总体较低。

因此,本书对碳减排问题进行了深入研究,通过对碳排放的因素进行分析,对碳排放的数据进行核算和预测,提出了一套碳排放的评价和减排研究体系。该体系为"减排"工作提供了理论支撑,可以为实现减排45%的目标提供积极指导。以河南省为例,进行碳排放峰值预测,研究河南省工业、商民、交通、土林等领域碳排放的概况,明确控制碳排放强度下降的重点领域和控制措施,对更好地参与全国碳交易和节能减排工作的开展具有重要意义。以制造业上市公司中体系较为完善、信息透明度较高的公司为研究对象,从财务特征和公司特征两个方面研究企业碳会计信息披露水平的影响因素,采用实证分析的方法,研究得出影响制造业企业碳会计信息披露的因素,并提出相关建议,对我国制造业企业碳会计信息披露水平的提高来说,有着重要的参考价值。

1.2 研究意义

1.2.1 理论意义

在当今时代背景下,碳会计作为环境会计的组成部分,对经济发展有很大的影响,社会各界也越来越注重企业碳排放量对大气的影响。我国对碳会计信息披露的研究还处于初级阶段,大多是对碳会计信息披露框架的研究。本书以证监会行业分类为标准,以制造业上市公司为研究对象,实证分析制造业企业碳会计信息披露的影响因素,修正传统会计核算的不足,有力地补充了碳会计信息披露的研究理论,为企业碳会计信息披露的研究发展提供了参考和借鉴。

1.2.2 现实意义

对碳减排问题进行深入研究,分析碳排放的因素,对碳排放的数据进行核算和预测,提出一套碳排放的评价和减排研究体系。对河南省碳排放的研究,为碳交易市场的碳容量、配额、定价等提供参考,为河南省"节能减排、低碳发展"工作提供一些理论依据。制造业是产生碳排放的主要行业,应主动对外披露企业的碳排放信息,以提升企业形象,提高经营业绩,吸引更多的投资。制造业企业要主动承担碳减排任务,为遏制环境破坏、气候变化做好本职工作。因此,本书以2014—2016年沪深A股制造业上市公司连续三年披露社会责任报告的公司为样本,实证分析企业碳会计信息披露的影响因素。企业全面、完整、及时地对碳会计信息进行披露有助于企业管理者更加全面地了解企业的环保意识和污染处理情况,进而作出更加合理的经济决策。同时能提醒政府部门,加强对企业碳会计信息披露的监管,加强社会公众对企业碳排放量的监督,促进我国制造业企业碳会计信息披露的发展。

1.3 文献综述

1.3.1 碳会计信息披露

国外很早就开始了对碳会计信息披露的研究,对其研究也相对成熟。经过数年的发展,国外在碳会计信息披露影响因素等方面研究成果丰富。

1.3.1.1 国外关于碳会计信息披露影响因素的研究

国外关于碳会计信息披露影响因素的研究有三类:一是公司内部因素对企业碳会计信息披露的影响。M. C. Ayuso 和 C. Larrinaga 研究发现,财务风险和公司规模往往会影响企业环境信息的披露,而盈利能力对企业环境信息披露没有明显的关系[1]。Stanny 和 Ely 通过研究发现,向碳信息披露项目(Carbon Disclosure Project,CDP)披露的碳排放信息与公司之前的碳排放信息和公司规模有关[2]。Reid 和 Toffel 研究了股东关注程度对企业碳会计信息披露的影响,他们发现股东关注环境问题的公司会更多地披露碳排放信息[3]。E H Kim 和 T P Lyon 实证分析了公司向美国政府披露环境减排信息的动机和影响[4],研究发现,主动登记减排措施的公司,它们随时间推移增加排放量,但报告却在减少,而没有主动登记减排措施的公司,随着时间的变化,温室气体的排放量却在减少,从这项研究中可以清楚地看出,主动登记的公司会有选择性地披露企业积极的环境信息,而忽略消极的环境信息。二是政府和社会公众等外部因素对企业碳会计信息披露的影响。Lovell H、Raquel S D A T 和 Bebbington J 等以欧洲公司为研究对象,他们发现关于公司的碳减排信息没有统一的财务会计处理办法,缺乏国际碳会计准则的指导,这使不同企业的碳信息披露不具有可比性[5]。Luo L、Lan Y C 和 Tang Q 以全球 500 强企业为研究对象,研究了在回复 CDP 披露项目过程中金融市场、制度因素和监管因素等对自愿披露碳会计信息的影响[6],研究发现公众和政府的监督是影响碳排放信息披露的主要因素。三是公司治理对企业碳会计信息披露的影响。Wegener M 和 Elayan F、AFelton S 等通过调查加拿大 319 家公司的 CDP 披露项目,研究了公司治理机制对企业披露环境信息的影响[7]。结果表明,公司治理结构影响企业环境信息披露,同时,还发现环境信息披露和诉讼风险无关。Peters 和 Romi 研究了公司治理对企业披露温室气体信息的影响,研究表明首席可持续发展官和环境委员会的设立能够增强企业披露碳信息的意愿[8]。

国内对碳会计信息披露的研究开始得较晚,国内关于碳会计的研究是从环境会计开始的,经过发展,逐渐提出了碳会计的概念,近年来对碳会计研究的文献也逐年增多,但与国外相比还有很大的提升空间。

1.3.1.2 国内关于碳会计信息披露影响因素的研究

国内关于碳会计信息披露影响因素的研究有三类:一是公司内部因素对企业碳会计信息披露的影响。陈华、刘婷和张艳秋从自愿披露碳信息的角度出发,以 2011 年 A 股上市公司为研究样本,对公司 2011 年的年报中关于碳会计信息披露的内容进行分析,运用内容分析法得出碳会计信息披露水平,然后实证分析了公司特征、公司内部治理和碳会计信息披露之间的关系[9]。研究发现公司成长性、财务风险、公司规模和公司上市年限等均与碳会计信息披露水平有显著的相关关系。王仲兵、靳晓超以沪市 89 家样本公司为研究对象,把碳信息作为解释变量,研究了碳信息披露与企业价值之间的关系,研究发现,企业价值与碳信息披露之间的关系并不显著,可能是因为碳信息披露得不规范[10]。苑泽明、王金月[11]和杜湘红、杨佐弟等[12]通过研究都认为国有控股公司碳信息披露水平显著高于非国有控股公司,他们认为国有公司承担了更多的社会责任。李飞、黄乐从可持续发展的视角出发,研究公司内部因素对企业碳会计信息披露的影响,结果表明盈利能力、公司规模和股权集中度对企业碳会计信息披露有显著的相关关系[13]。杨璐、吴杨和唐勇军等认为国有控股公司的碳会计信息披露水平有较高得分[14],这也比较符合我国国情,因为国有控股公司更能充分地意识到披露碳会计信息的重要性。二是政府和社会公众等外部因素对企业碳会计信息披露的影响。靳馨茹以 2010—2016 年六年间 A 股制造业上市公司为研究对象,实证分析我国上市公司碳会计信息披露与媒体态度和企业声誉之间的关系,结果发现,企业对社会声誉的关注程度会影响碳会计信息披露水平,同时媒体的正向报道也会通过影响企业声誉进而影响企业碳会计信息的披露[15]。王建明以沪市 A 股上市公司为样本,研究行业差异和外部监督对环境信息披露的影响,他发现企业的外部监督对环境信息披露有显著影响[16]。三是公司治理对企业碳会计信息披露的影响。吴勋、徐新歌选取CDP 2008—2011 年中国报告中的重污染行业为研究对象,实证分析了公司治理特征与企业碳会计信息披露水平的关系,结果表明控股股东的持股比例和董事会规模与碳会计信息披露水平有显著的相关关系[17]。杨璐、吴杨和唐勇军等以 2012—2014 年连续三年披露碳信息的 A 股上市公司为样本,研究了公司治理特征对碳会计信息披露的影响,结果表明控股股东性质和利益相关者对企业碳会计信息披露有显著正相关关系;同时公司治理特征对低碳和高碳行业的碳会计信息披露质量也有影响[21]。

1.3.2　碳排放影响因素

1.3.2.1　国外关于碳排放影响因素的研究

在国内外,大量学者投入碳排放研究这一新课题,其涉及方法多样,通过对国外碳排放进行研究发现,碳排放问题的研究主要涉及定量的模型分析,并且运用 STIRPAT 模型对碳排放问题进行研究的较多。Richard York 阐述了传统的经济模型 EE 进行改进得到 STIRPAT 模型,碳排放问题研究中运用 STIRPAT 模型,便发展成为 IPAT 和 Im IPAT 模型[18]。这三种模型的优缺点各不相同,在对不同地区的碳排放问题进行研究时,需要在对数据拟合中仔细分析三种模型的适用性。Ying Fan 对低收入国家、中等收入国家和高收入国家的碳排放问题进行研究,并运用 STIRPAT 模型分析了 1975—2000 年不同因素对不同收入水平国家的碳排放影响情况。研究表明人均 GDP 水平和能源强度分别对低收入国家和中等收入国家的影响较大,而各因素在高收入国家中,却呈现出很大的正相关关系[19]。Shoufu Lin 根据温室气体的主要排放能源消费对中国环境影响情况进行分析,运用 STIRPAT 模型对中国 1978—2006 年数据进行定量研究[20],分析发现,人口因素对环境的影响作用最大,城市化水平、工业水平、人均 GDP 和能源强度因素对环境的影响作用次之。Brant Liddle 对发达国家的碳排放情况进行分析,并建立 STIRPAT 模型,分析发现,影响发达国家的碳排放因素不止人口、人均财富和能源强度[21],还涉及能源结构、居民能源消费及城镇化率,并指出研究不同国家的碳排放问题时,需要适当调整 STIRPAT 模型,以得到较优的结果。Huanan Li 对影响中国碳排放的五个因素[22]进行分析发现,五个因素对碳排放的影响程度依次是人均 GDP、技术水平、人口、城市化率、工业结构,并且技术水平在节能减排中是最有效的解决方式。

1.3.2.2　国内关于碳排放影响因素的研究

本文对国内学者的大量文献进行研究,总结归纳出因素分解分析法、模型及峰值预测法、减排潜力[23]和路径分析三个相关的研究内容,进而对中国碳排放以及碳减排方法进行研究。郭朝先对中国碳排放因素进行分析,并运用 LMDI 方法构建了包含经济总量、经济结构、能源利用效率、能源消费结构和碳排放系数五个指标的碳排放模型,并运用 1995—2007 年的数据进行实证分析,研究结果表明,这五个因素对中国碳排放起到至关重要的作用。杨国运用 LMDI 因素分解法,分别从能源消费、行业和产业等层面对中国的碳排放总量进行了多层面的因素分析。孙建卫从各部门碳排放强度变化和产业结构的变化对碳排放强度进行研究,从总产出的变化、各个产业的碳排放强度变化和产业结构变化方面对碳排放总量进行研究,根据1995—2005 年的统计数据运用因素分解法分析了碳排放强度和碳排放总量的影响因素效应。温景光对人均碳排放因素进行定量分析,并根据对数平均权重 Divisia 分解法将江苏省人均碳排放分解为能源结构、能源效率和人均 GDP,通过江苏省 1996—2007 年的碳排放数据进行实证分析,分析结果表明,人均 GDP 对江苏省碳排放影响程度最大,影响较小的因素是能源结构[24]和能源效率。王峰对中国碳排放驱动因素进行研究,并运用 Divisia指数分解法,对 11 个驱动因素的加权贡献进行求解,结果表明主要的正向驱动因素为人均 GDP、人口总量、经济结构、交通工具数量、家庭平均年收入。张明运用 Laspcyres 完全分解方法将中国的能源消费变化量[25]进行分解,并运用 LMDI 方法将交通能源消耗的变化量分解成四个重要影响因子,通过对统计数据进行分析,研究这些因素对中国能源消费变化量的影响。薛黎明通过对能源需求因素进行协整分析,研究中国能源需求的影响因素,研究结果表明,对能源需求的影响程度较大的是能源强度、能源结构、城市化水平、人口、产业结构和能源价格[26—27]。查建平对中国直接生活碳排放进行研究,并将影响较大的因素分解为能源结构因素、碳排放系数因素、消费能源强度因素、人均消费水平、家庭规模 5 个因素,并定量地对这些因素进行分析。

1.4 研究内容与方法

本书的主要研究内容为:首先对国内学者的大量文献进行研究,总结归纳出因素分解分析法、模型及峰值预测法、减排潜力[23]和路径分析三个相关的研究内容,进而对中国碳排放以及碳减排方法进行研究。其次,对河南省2005—2030 年 25 年间的宏观经济数据、工业增加值、三产、人口、城镇化率、机动车保有量、能源(煤炭、石油、天然气)消耗量以及相关的创新和科研数据进行处理测算。建立河南省全社会碳排放的工业、商民、交通运输、农业和土林四个二级子系统,其间有些方程用计量的方法做回归分析、因果检验,在Vensim 软件中键入方程、录入数据,运行得到各领域碳排放在现情景下的预测结果,并汇集成河南省全社会碳排放概况。在四个二级子系统中分别考虑2030 年碳排放比 2005 年下降 60%～65% 的约束条件,再次运行得到强约束情景下的碳排放结果,并进行对比分析。最后,通过分析制造业的行业特点和碳信息披露的内容和形式,进而分析企业碳会计信息披露的现状和存在的问题。从财务特征和公司特征两方面进行理论分析并提出假设,对样本选取和数据来源进行说明并通过分析被解释变量的评分标准、分析解释变量及控制变量进而构建模型;实证分析,首先通过描述性统计分析、相关性检验和多元回归分析,得出所选变量对碳会计信息披露水平的影响程度,然后对实证结果进行分析,最后做稳健性检验,确保回归结果的可靠性。

本书的主要研究方法为规范分析、实证研究、灰关联分析、神经网络、系统动力学等。

1.5 创新与不足

1.5.1 本书创新点

(1)近年来,在碳排放预测方面,很多学者针对不同的对象做了不同的研究,目前现有的研究成果主要集中在以电力行业、省、市或单一地区为对象的碳排放预测方面,本书基于我国近 33 年来的碳排放总量及影响因素,训练了不同的网络模型进行预测分析,在研究对象方面略有创新;另外,本书对多种不同的碳排放影响因素进行灰色关联度分析确定出主要影响因素[28],并使用不同的网络神经模型[29]进行预测分析,既比对了不同网络神经模型间的预测性能,又对"十三五"期间碳排放预测结果进行分析,给出相应的减碳对策与建议。

(2)关于碳排放研究的相关文献,或研究峰值或研究影响因素,多数采用 IPAC 模型或 STIRPAT 模型或环境库涅兹曲线模型等方法,也有单独采用系统动力学模型来研究,但大多只研究一个领域的碳排放。本书的创新点在于,其一分别构建了工业、商民、交通、农业和土林四个大的碳排放子系统,研究大约能够覆盖河南省全社会的碳排放,且模型中一些方程的确定用到了计量的方法;其二在于加入了碳排放下降 $60\% \sim 65\%$ 的目标约束,进行了情景分析,并采用河南省实际数据,结合河南省省情提出实践性较强的建议。

(3)从研究内容上看,国内外学者关于碳会计信息披露的研究主要侧重于理论上的分析,而进行实证分析研究的较少。基于此,本书围绕影响企业碳会计信息披露的主要因素进行实证分析,通过设立模型、检验假设等实证过程得出结论,并提出相应的建议。

从研究方法上来看,在本书的实证研究中,主要从公司特征和财务特征两个方面选取了影响企业碳会计信息披露的因素进行分析。本书选取盈利能力、发展能力、偿债能力、企业规模、股权性质、行业特征等作为解释变量,以所在经济地区作为控制变量对碳会计信息披露的影响因素进行分析。

1.5.2　本书存在的不足

由于数据的可得性以及研究方法的不统一性,本书在数据处理以及结果测算方面可能存在不足:

(1)因指标因素选取不同,预测结果可能与以往研究存在一定的偏差。虽然采用灰色关联度分析,对影响因素进行了权重比较,但因影响因素的不完整性会导致结果存在一定的偏差,但不影响预测结果的有效性。

(2)样本分布均匀的不确定性和用试凑法及经验法[30]确定的人工神经网络结构是否足够或者不足以反映样本所存在的规律。样本有可能因为含有噪声,网络结果结构既不能太复杂也不能太简单,这里所指的复杂与简单指的是隐层数目和网络结构的层数。

(3)工业、商民、交通、土林四个领域大约能够覆盖河南省全社会碳排放,但对四个领域碳排放的结果汇集成全社会碳排放的方法较为简单,希望在以后的研究中能够建立一个系统动力学的全社会碳排放的大系统,把工业、商民、交通、土林四个领域通过方程连接起来。

(4)对被解释变量碳会计信息披露水平的赋值打分,是根据披露项目分类和企业社会责任报告进行打分,具有一定的主观性,可能会导致研究结果出现偏差。

第 2 章　理论基础

2.1　碳排放及相关理论

2.1.1　碳排放

大气中包含气体的种类有很多种。然而,存在于大气中的某些微量气体,能够起到类似玻璃的作用,如二氧化碳(CO_2)、氧化亚氮(N_2O)、甲烷(CH_4)等。太阳发射的短波辐射能够透过大气中的这些微量气体达到地面,使地球表面的温度上升。然而,这些微量气体能够阻挡地球表面向外界发射长波辐射,高度吸收地球表面反射的长波辐射。这种现象称之为"温室效应"。

CO_2是存在于大气中的一种无色气体,常温常压下的密度为1.98kg/m³,在大气中占比达到0.04%。CO_2虽然大气占比低,但是在全球气候变化中扮演着非常关键的作用,也是造成温室效应的主要成分。

IPCC给出了六种温室气体中的主要成分,增温占比及其大气中存在的寿命见表2-1。观察表2-1可知,CO_2在增温效应中占比高达63%,并且在大气中存在的寿命达120年。

表 2-1　人类活动中排放的主要温室气体

温室气体种类	增温效应占比/%	大气中的寿命/年
二氧化碳(CO_2)	63	120
甲烷(CH_4)	15	12
氢氟碳化物(HFCs)	11	260(以 CHF_3 计)
全氟化碳(PFCs)	7	50000(以 CF_4 计)
六氟化硫(SF_6)		3200
氧化亚氮(N_2O)	4	114

目前关于碳排放[31]方面的研究主要是指温室气体中CO_2排放的研究。

能源燃烧过程中产生大量的 CO_2,致使全球范围内的温室气体含量快速攀升。

IPCC(2007)的研究报告中指出,发达国家能源活动中 CO_2 排放量占 CO_2 总排放量的 90％以上。美国能源署(2007)的研究报告指出,2003 年能源活动中 CO_2 排放量占 CO_2 总排放量的 95％以上。

近年来,诸多的研究学者在统计 CO_2 排放总量时,考虑到其他排放方式的难以进行,因而只考虑能源燃烧过程中产生的 CO_2。

2.1.2　灰色关联分析理论

两个系统之间的因素,随着对象或时间的不同而变化的关联性大小的量度,称为关联度。灰色关联理论也称为灰色关联度理论[32],它是根据因素之间发展态势的相似或相异的程度,来衡量因素之间关联程度的一种分析方法。

系统发展过程中,如果两个因素变化的趋势具有一致性,可以说两者的关联程度较高;反之,则认为较低。在现有系统分析的方法中,大多都采用数理统计的方法,如方差分析、回归分析、指数分析等,其中回归分析用得最多。但是回归分析有一定的弱点,如要求有大量、较好的分布规律的样本,可能会出现定性分析结果与量化结果不相符的现象,因此大多只用于线性的、少因素的系统。灰色系统理论提出了灰色关联度分析的概念,通过一定的方法,去寻找系统中各因素之间的数值关系,找出影响目标值的因素,从而把握事物的主要特征。因此,灰色关联度分析对系统发展变化的态势提供了量化的度量方法,适合于动态的历程分析。又因为关联度分析法是按照发展态势作分析,所以对于样本量的多少也没有太多的要求,更不需要什么典型的分布规律,计算量较小,且不容易出现关联度的定性分析结果与量化分析结果不一致的情况。

2.1.3　人工神经网络理论

美国学者 Rosenblatt 于 1957 年提出感知器[33]的概念。感知器是一种适用于模式分类的神经网络模型,是单程神经元中最简单的一种前馈神经网络。

感知器的信息处理规则为

$$y_j(t) = f\left\{ \sum_{i=1}^{m} w_{ij}(t)x_i(t) - \theta_j \right\} \tag{2-1}$$

式中:$x_i(t)(i = 1,2,\cdots,m)$ 为神经网络输入层数据;$y_j(t)(j = 1,2,\cdots,n)$

为神经网络输出层数据；$f(x)$ 为阶跃函数；θ_j 为第 j 个神经元的阈值；w_{ij} 为输入层数据 $x_i(t)$ 至输出层数据 $y_j(t)$ 之间的连接权重，该项权重具有学习能力，可以不断改进和优化。

感知器利用给定输入作用下的期望输出 d 用于调整权重，其学习的规则可以总结如下：

(1)确定初始权重 w_{ij}。

(2)根据收集到的输入层 $x_i(t)$，计算神经元的输出数据 $y_j(t)$。

(3)优化权重：

$$w_{ij}(t+1)=w_{ij}+\eta\left[d_j(t)-y_j(t)\right]x_i(t) \tag{2-2}$$

式中；η 为学习效率，$d_j(t)$ 为第 j 个神经元在 t 时刻的期望输出。

判断误差值是否达到最小接受误差值，如果没有达到误差目标则转到(2)，调整权重，直至 w_{ij} 对一切样本都能通过适当的迭代得到正确输出。感知器仅能用于线性模式识别，当输入模式线性可分时才能够保证在有限次迭代之后达到收敛。感知器的学习算法在实际应用中存在一定的局限，但感知器模型所提供的神经网络是能够解决实际问题的基本模式，对后来神经网络的发展产生了非常大的影响。

2.1.3.1　BP 神经网络

1.BP 神经网络拓扑结构

BP 神经网络是一种多层映射的前馈神经网络，该方法经典、有效，使用范围极广。BP 神经网络与感知器不同的是 BP 神经网络具有一层或者多层的隐含层。BP 神经网络主要特点是信号前向传递，误差反向传播优化的学习方法。BP 算法的基本思想是信号由输入层向隐含层，隐含层向输出层逐层传递，计算预测输出与实际输出之间的误差值，若计算精度没有达到要求，则转入反向传播。根据误差值变化最快的方向，调整输入层到隐含层、隐含层到输出层之间连接的权值与阈值，使误差达到指定值。由输入层、一层隐含层与输出层组成的 BP 神经网络拓扑结构如图 2-1 所示。

2.BP 神经网络的实现步骤

以图 2-1 为例，本书给出了三层 BP 神经网络学习算法的实现步骤，多层情况参照此算法的思想路线，依此类推。

S1:网络初始化。确定输入层至隐含层、隐含层至输出层的连接权值，并确定隐含层与输出层的初始阈值。

S2:收集训练样本。根据算法的规则，BP 神经网络需要输入向量 $X=(x_1,x_2,\cdots,x_m)$ 与其相应的输出向量 $D=(d_1,d_2,\cdots,d_m)$。

S3:根据输入层，依次向隐含层与输出层进行输出计算。

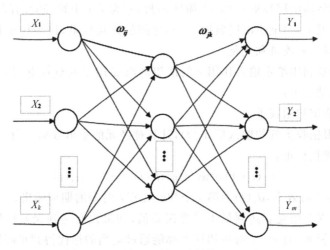

图 2-1　BP 神经网络拓扑结构图（三层）

假设输入层的输入为 x_i，输出为 $O_i = x_i (i = 1, 2, \cdots, m)$，其中 i 为 BP 神经网络输入层神经元的序号。隐含层神经元的输入值为 $x'_j = \sum_{i=1}^{m} w_{ij} O_i - \theta_j$，输出值为 $O_j = f(x_i)(j = 1, 2, \cdots, n)$，其中 j 为 BP 神经网络隐含层神经元的序号。输出层神经元的输入值为 $x^n_k = \sum_{j=1}^{n} w'_{jk} O'_i - \theta'_k$，输出值为 $y_k = g(x'_k)(k = 1, 2, \cdots, l)$，其中 k 为 BP 神经网络输出层神经元的序号。

以上公式中，w_{ij} 为隐含层至输入层的连接权值，w'_{jk} 为输出层至隐含层的连接权值。函数 $f(x)$ 常用的为 S 型函数 $f(x) = \dfrac{1}{1 + e^{-x}}$，$g(\cdot)$ 可以是线性函数，同样也可以是非线性函数。

S4：优化权值。根据训练数据得到的误差，从输出层节点至隐含层节点，再到输入层节点逐层的优化权重值。定义的网络误差函数为

$$E = \frac{1}{2} \sum_{k=1}^{l} (d_k - y_k)^2 \tag{2-3}$$

根据式（2-3）的误差函数，权重优化的公式如下：

$$w(t+1) = w(t) + (-\eta \nabla E(t)) \tag{2-4}$$

其中，$-\nabla E(t)$ 为第 t 次训练中误差函数梯度变化的反方向。

输出层至隐含层之间的连接权重 w'_{jk} 的调整公式为：

$$w'_{jk}(t+1) = w'_{jk}(t) + \eta y_k (1 - y_k)(d_k - y_k) O'_j \tag{2-5}$$

其中：η 为学习率（$\eta > 0$）；d_k 为期望输出（$k = 1, 2, \cdots, l$）。

隐含层至输入层之间的连接权重 w_{jk} 的调整公式为：

$$w_{jk}(t+1) = w_{jk}(t) + \eta O'_j(1-O'_j)\sum_{k=1}^{l}\delta_k w'_{jk}O_i \tag{2-6}$$

其中，δ_k 为第 k 个输出层节点的误差。

S5：返回步骤 S2 重新计算，满足要求后终止循环。

2.1.3.2　RBF 神经网络

1985 年，Powell 提出的径向基函数（Radical Basis Fuction，RBF）是中心点径向对称的非线性函数[34]。1988 年，Lowe 和 Broomhead 将生物学中神经元的响应特点运用到了神经网络设计中，并由此创造 RBF 神经网络。

1.RBF 神经网络拓扑结构

RBF 神经网络属于神经网络中的前向神经网络，其网络结构与多层前向网络有很多的共同之处。RBF 神经网络是一种三层的网络结构，三层网络依次为输入层、隐含层和输出层。隐含层节点数要根据实际情况确定，隐含层神经元的变换函数采用径向基函数。

2.RBF 网络学习算法

RBF 神经网络是将径向基函数作为神经网络隐含层神经元激活函数的三层神经网络，通过梯度下降法修正神经网络的中心值。通过不断训练，使 RBF 神经网络逐渐逼近实际系统。

输入向量为 $\boldsymbol{F}=(F_1,F_2,\cdots,F_N)$，期望输出向量为 $X=(X_1,X_2,\cdots,X_N)$，网络实际输出表示为 $y_x = \sum_{j=1}^{n}O_j w_{ij}$（$n$ 为隐含层节点数），$O=G(F)=\exp\left(-\dfrac{\|\boldsymbol{F}-\boldsymbol{t}_j\|^2}{\sigma_j^2}\right)$ 为隐含层输出（$\boldsymbol{t}_j$ 为隐含层中心值向量，σ_j 为其宽度）。

定义误差函数

$$E = \frac{1}{2}\sum_{k=1}^{N}(x_k-y_k)^2 \tag{2-7}$$

因此，E 是关于 t_j、w_{jk} 和 σ_j 的函数，相应采用的梯度优化算法有

权值校正方向

$$\Delta w_{jk} = -\frac{\partial E}{\partial W_{jk}} = (x_k-y_k)O_j = e_k O_j \tag{2-8}$$

中心值校正方向

$$\Delta t_{ji} = -\frac{\partial E}{\partial t_{ji}} = \frac{2O_j(\boldsymbol{F}_i-\boldsymbol{t}_{ji})}{\sigma_j^3}\sum_{k=1}^{i}w_{jk}e_k \tag{2-9}$$

宽度校正方向

$$\Delta\sigma_j = -\frac{\partial E}{\partial\sigma_j} = \frac{2\|\boldsymbol{F}_i-\boldsymbol{t}_j\|^2}{\sigma_j^3}\sum_{k=1}^{i}w_{jk}e_k \tag{2-10}$$

由此可得 RBF 网络的梯度下降参数的校正公式：

$$w_{jk}(t+1) = w_{jk}(t) + \eta_1 \Delta w_{jk} \tag{2-11}$$

$$t_{ji}(t+1) = t_{ji}(t) + \eta_2 \Delta t_{ji} \tag{2-12}$$

$$\sigma_j(t+1) = \sigma_j(t) + \eta_3 \Delta_j \tag{2-13}$$

式中，$1 \leqslant i \leqslant m$，$1 \leqslant j \leqslant n$，$1 \leqslant k \leqslant l$，$m$、$n$、$l$ 分别为 RBF 神经网络输入层、隐含层和输出层的节点数；t_{ji} 为中心值向量 t_j 的第 i 个分量；η_1、η_2 和 η_3 分别为 RBF 神经网络输入层、隐含层与输出层的学习率。

由于 RBF 神经网络隐含层采用径向基函数，而径向基函数将输入信号进行非线性变换。径向基函数使得输入单元只对中心值附近的输入具有很强的敏感性，并且随着与中心值距离的增大，径向基函数的输出减小速度变大，这种现象称之为局部敏感性。

3. RBF 神经网络实现步骤

RBF 神经网络实现步骤可以总结如下：

S1：收集基础数据并对基础数据进行预处理。

S2：构建 RBF 神经网络的结构，确定输入层、隐含层以及输出层神经元节点数和所使用径向基函数的类型。

S3：利用训练样本训练网络。

S4：根据神经网络的实际输出，若误差值大于设定的最小接受误差值，则返回 S4。改变算法参数后重新训练网络，否则进入 S5；若训练次数达到设定的最大训练次数，进入 S5。

S5：得到符合结果的 RBF 神经网络，训练结束。

2.1.3.3 小波神经网络

1. 小波神经网络拓扑结构

小波神经网络的构建建立在 BP 神经网络的基础之上，但与 BP 神经网络不同的是运用小波基函数作为隐含层节点传递函数。三层小波神经网络的拓扑结构如图 2-2 所示。

图 2-2 中，$X_1, X_2, X_3, \cdots, X_k$ 是网络的输入参数，$Y_1, Y_2, Y_3, \cdots, Y_m$ 是网络的预测输出，w_{ij} 和 w_{jk} 分别为输入层至隐含层、隐含层至输出层的网络权值。当输入信号为 $x_i(x = 1, 2, \cdots, k)$ 时，隐含层的输出为

$$h(j) = h_j \left[\frac{\sum_{i=1}^{k} w_{ij} x_i - b_j}{a_j} \right], j = 1, 2, \cdots, l \tag{2-14}$$

式中，$h(j)$ 为隐含层第 j 个节点输出值，$h(j)$ 为小波基函数，w_{ij} 为输入层至隐含层之间的连接权值，a_j 为小波奇函数 h_j 的伸缩因子，b_j 为小波基函数

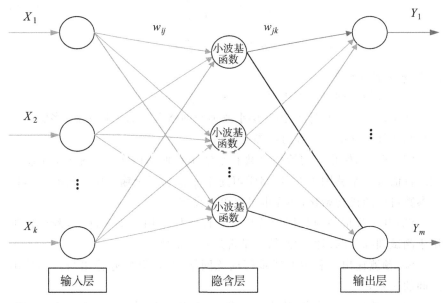

图 2-2 小波神经网络的拓扑结构图

h_j 的平移因子。

小波神经网络的输出层公式为

$$y(k) = \sum_{i=1}^{l} w_{jk} h(i), k = 1, 2, \cdots, l \tag{2-15}$$

式中，$h(i)$ 为第 i 个隐含层节点的输出，w_{jk} 为隐含层至输出层的连接权值，m 为输出层节点数，l 为隐含层节点数。

小波神经网络采用梯度的方法修正神经网络的权值和阈值，修正过程如下。

2. 计算网络误差值

$$e = \sum_{k=1}^{m} yn(k) - y(k), k = 1, 2, \cdots, m \tag{2-16}$$

式中，$y(k)$ 为小波神经网络预测输出，$yn(k)$ 为期望输出。

3. 根据所得误差 e 来修正小波神经网络预测权值和小波基函数的参数

$$w_{n,k}^{(i+1)} = w_{n,k}^{i} + \Delta w_{n,k}^{(i+1)} \tag{2-17}$$

$$a_k^{(i+1)} = a_k^i + \Delta a_k^{(i+1)} \tag{2-18}$$

$$b_k^{(i+1)} = b_k^i + \Delta b_k^{(i+1)} \tag{2-19}$$

式中，$\Delta w_{n,k}^{(i+1)}, \Delta a_k^{(i+1)}, \Delta b_k^{(i+1)}$ 是根据网络预测误差计算得到

$$\Delta w_{n,k}^{(i+1)} = -\eta \frac{\partial e}{\partial w_{n,k}^{(i)}} \tag{2-20}$$

$$\Delta a_k^{(i+1)} = -\eta \frac{\partial e}{\partial a_{n,k}^{(i)}} \tag{2-21}$$

$$\Delta b_k^{(i+1)} = -\eta \frac{\partial e}{\partial b_{n,k}^{(i)}} \tag{2-22}$$

式中，η 为学习速率。

4.小波神经网络实现步骤

本文以图 2-2 为例，给出三层小波神经网络算法的实现步骤，多隐含层网络结构神经网络的计算可以参照此情况。

S1：网络初始化。初始化参数有小波函数伸缩因子 a_k、输入层至隐含层的权值 w_{ij}、平移因子 b_k、网络学习速率 η、隐含层至输出层的权值 w_{jk}，这些参数可以随机初始化，同样也可以单独设定。

S2：利用收集到的数据训练样本。训练样本用于训练网络，测试样本用于测试训练各网络的预测精度是否达到预期值。

S3：预测输出。利用上述步骤训练网络，并计算实际输出与预测输出之间的误差 e。

S4：权值优化。根据误差 e 优化网络的参数，使网络预测精度不断提升。

S5：评估误差值是否达到最小接受误差值，如果没有达到目标误差值则返回 S3；若达到了神经网络的最大训练次数，网络训练结束。

2.1.4 系统动力学理论

系统动力学是沟通社会和自然科学的桥梁，它是系统科学和管理科学的子学科，系统反馈理论是它的基础，工作原理是根据系统自身的状态、控制、信息等相关环节，用计算机仿真技术研究系统发展的动态行为。系统动力学可以在因果关系的逻辑分析和信息反馈的控制原理之间建立一座桥梁，遇到繁琐的问题时，我们可以从内部开始下手，然后建立模型，模拟不同的方案，仿真结果在计算机上进行展示，最后根据结果搜寻合适的解决办法。其实建模过程就是一个学习、调查、研究的过程，它是一种用于学习和政策分析的工具，从而使组织拥有学习和创造两个特点。

2.1.4.1 因果回路图

因果是原因和结果之间的一种相互关系，回路是指原因和结果两者能够形成一个闭合的链。具体步骤如下：一是从系统中选取相关变量，二是将变量通过箭头连接，使它们产生关系，并用正负号表示。因果关系图的基本概念如下：

1. 因果链

因果链是用箭头将变量产生联系，并且用正负号表示关系的特性，变量会随着相关变量的变化而变化。

2. 反馈回路

反馈回路可分为正反馈回路和负反馈回路。它们都是用来描述系统随时间变化和变化的状态。如果回路随时间不断增长，可能回路是正反馈，反之则是负反馈。

2.1.4.2　系统流图

流图（Flow Diagram）用于表达系统中有直接相关关系的变量间的关系图，是系统动力学建模的核心部分，通过箭头和方程表达变量间的相互作用，与因果回路图只表达系统内部的概要关系不同，所表达的关系是不能通过因果关系图来展示的。流图包括速率变量、常量、状态变量等。

下面会对流图中涉及的相关概念进行解释。

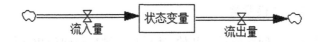

图 2-3　状态变量流量图

1. 状态变量

如图 2-3 所示，在流图用长方形盒子表示状态变量。它分别用指向和指离的管道来表示流入量和流出量，状态变量是两者的结合。在流入量和流出量的管道中的阀门代表流入量和流出量的流量可以受到其他变量的影响。流入量的始端和流出量的末端是云团，云团代表流量的源和漏，分别表示起点和终点的状态变量，并且它们拥有无限容量，而且不会受到所支持流量的限制。

状态变量是积累流入量和流出量的差的变量，它的数学表达式如下：

$$Stock(t) = \int_{t_0}^{t} \left[Inflow(s) - Outflow(s) \right] \mathrm{d}s + Stock(t_0) \quad (2\text{-}23)$$

其中，$Stock(t)$ 表示 t 时刻状态变量的数量，$Inflow(s)$ 和 $Outflow(s)$ 分别表示流入量和流出量。$Stock(t_0)$ 代表初始时刻状态变量的数量。

2. 速率变量

速率变量等于流入量和流出量的差，其实就是状态变量的流入，用 ⌀⟶ 表示，微积分的表示如下：

$$\frac{\mathrm{d}(Stock)}{\mathrm{d}t} = Inflow(t) - Outflow(t) \quad (2\text{-}24)$$

3. 辅助变量

辅助变量作为中间变量,它的作用就是把状态变量和速率变量连接起来,并且将信息的转换用公式来表达。它是随着相关变量不断变化的,所以不能反映积累。

4. 常量

在系统的研究周期内不随其他变量变化的变量就是常量。它一般作为系统中的标准或者短期局部目标。

5. 影子变量

系统中的影子变量一般是时间或已经设定的变量的再次出现,用〈〉表示。

6. 表函数

表函数就是当自变量与因变量间存在可以通过因变量和自变量的二维图中的点的关系来表达时,就可以利用表函数:

$$lookupname([(X_{min}, X_{max}) - (Y_{min}, Y_{max})], (X_1, Y_1), (X_2, Y_2), \cdots, (X_n, Y_n))$$

$$(2-25)$$

2.1.4.3 建模步骤

建模从对动态问题的讨论开始,然后是关键变量间的相互作用,最后用计算机相对应的符号对变量及因果链进行表示,从而形成一个复杂系统,通过合理设计进行简化。

1. 熟悉系统

模型的建立是为了帮助人们研究问题,因而模型的建立者应对模型系统非常熟悉。因此,建立系统动力学模型第一个任务就是熟悉所建立模型内部所涉及的因素及各因素之间的联系,以及考虑模型周边因素是否应纳入模型中去,尽量做到系统变量没有被遗漏在外。

2. 明确动力学问题

建模最重要的就是明确问题和系统边界,除了熟悉系统,同时我们还要考虑这个系统是否有"动力学问题"。明确动力学问题后,就需要能够画出重要变量间相互变化的曲线图,一个变量随另一个相关变量的趋势变化。

3. 画出因果回路图

因果回路图是系统中关键变量之间因果关系的箭头表示,是系统关系的简单表示,作为一个交流工具而不是分析工具来使用。在因果关系图中不需要表达出系统中所有变量的每一个关系,但要显示出系统各影响因素、变量间所构成的反馈回路。如果在检查所完成的因果关系图时,发现因果关系图中没有能够构成一个完整的反馈回路,就要考虑模型中的影响因素是否有遗漏,或者添加了不相关变量到模型中去。

4.构建流图

流图是所研究的问题构成系统中的所有相关因素、变量及变量间关系的图形表示,变量类型主要分为常量、辅助变量和状态变量等。构建流图从库开始,然后加入流,并用转换器充实模型,在构建流图过程中需要注意并检查模型中变量的单位。

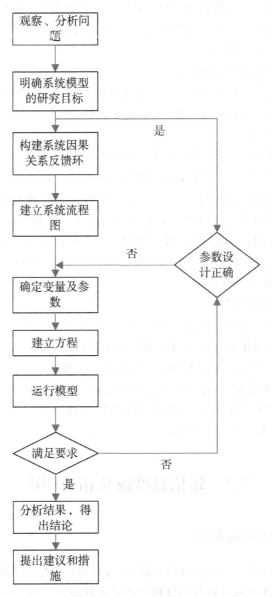

图 2-4　系统动力学建模步骤

5.估计参数值

系统流图中的所有变量都应有一个相应的估计参数,需参照参数对系统中变量赋予方程。方程的设定是根据系统变量间的关系,有些是常数,有些是通过历年数据的分析,可以用灰色或计量的方法等模拟出两个变量间可能存在的关系。参数和方程的估计都存在不确定性,此不确定性有一定范围,有些参数精确性较高,有些则有 10% 的误差范围,有些则会更高。对于这些误差范围大的参数,后期通过系统的运行和有效性分析来进行参数调整,以使系统更好贴合实际。

6.运行模型得到基本模式

所建立的系统动力学模型在变量设定和方程录入结束后,需通过变量检验,检验符合则可以运行模型,得到初步结果。

7.有效性检验

得到结果后需要对模型中变量的数据和实际这个变量的数据对比,以验证模型的有效性。这个步骤的关键是将结果与实际情形对比,这是检验模型的第一次机会,通过对比观察系统是否与实际问题相符合,如果不符合,则需要重新回到建模的第一步来检验模型建立过程中的每一步是否有问题,如果没有问题,则需要分析结果中不符合实际的变量的影响,即分析不符合实际的原因,进而调控参数以使模型符合实际,继而才能进行下一步分析和对实际问题的探讨。

8.执行敏感性分析

通过调整参数值的变化来多次运行模型,对比改变参数值后的模型运行结果变化,从而在了解系统的基本模式下,改变不确定参数值,系统结果变化的差异,以检验系统对不确定参数变化是否敏感。在每改变一个不确定参数运行得到结果后,都需要对比参照模式下的系统运行结果,计算结果变化率,如果结果变化率不大,即改变不确定参数的值,对系统结果没有大的改变,则整个模型就是稳健的。

2.2 碳信息披露及相关理论

2.2.1 碳信息披露

碳会计信息是指企业能够进行确认、计量和核算的有关碳减排活动、碳减排项目和碳排放权的财务信息和其他形式的信息。与传统的会计信息相比较,碳会计信息没有较为科学的核算指标和数据,碳会计信息主要是企业披露的在生产经营过程中围绕低碳经济业务的经营成果、财务状况和现金流量等各种信息的总和,以为相关决策者提供相关参考和满足信息使用者的需求为目标。企业披露的碳会计信息主要包括货币信息和非货币信息两种形式,货币信息是指企业以货币为计量单位,对其低碳经济进行确认、计量和核算的信息,包括对低碳科技进行的相关研发和投入、企业低碳项目的开发和运行及因破坏环境所缴纳的罚款;非货币信息的形式就比较多样,来源也较为广泛,主要指以文字描述的定性信息和数量化的信息,包括企业的碳排放目标、企业的低碳管理战略说明、因发展低碳经济获得的各类效益、对职工低碳理念的培训、企业碳排放的种类和数量、企业对有害气体排放的披露等。目前,在我国采用货币性计量碳会计信息还处于探索阶段,碳会计信息也尚未形成统一的具有可比性的信息。

与传统的会计信息披露类似,碳会计信息披露也是对企业经营过程中产生的相关碳排放信息进行披露,但与传统会计在披露内容、计量方法等方面存在差异。碳会计信息披露主要是指与碳排放相关的行业根据相关规定,对企业生产过程中产生的碳会计信息进行披露的过程,向外部投资者展现出企业在节能减排和发展低碳经济方面的努力,树立良好的企业形象。目前,我国还处于碳会计信息发展的初步阶段,碳会计信息的披露没有统一、规范的内容和形式要求,大多企业也是自愿披露,披露的信息较为零散且位置不固定,缺乏可比性。因此,有关部门应该尽快出台相应的法律法规来规范企业的披露行为,更好地为信息使用者的使用提供便利。

目前,能为碳会计信息披露提供较为完善的参考的是 CDP,它成立于2000 年,是一个独立的非营利性的组织,建立了世界上最大的气候变化和温室气体排放的信息数据库,CDP 的调查问卷主要包含核算企业温室气体排放、企业发展低碳经济面临的风险和机遇、企业对气候变化的治理以及能源消耗情况等。

2.2.2　企业社会责任理论

企业社会责任的概念最早在 1924 年由英国的谢尔顿提出,他认为企业在工业化过程中不应该只关注企业发展的经济效益,而应该更多地关注企业发展的社会效益。经过发展,企业社会责任理论已经成熟,并且被广泛应用。最初企业以追求利润最大化为目标,在发展过程中企业也只一味地追求利润而忽略其应承担的社会责任,这就造成了环境的污染,产生了很严重的环境问题,反过来环境的污染也限制了企业的发展。这时人们才意识到保护环境的重要性,开始强调企业的社会责任,企业也开始关注发展过程中对环境的保护,并用社会价值来衡量企业的发展状况。

企业社会责任理论解释企业在发展过程中所必须承担的社会责任,同时也解释了企业进行碳会计信息披露的原因,政府和公众有义务去监督环境资源的使用情况,企业承担社会责任的表现形式就是全面地、及时地对外披露企业的碳排放信息,把企业的减排战略、减排目标及减排措施等信息较为系统地对外披露,向政府和社会公众展现其对社会责任的重视程度。

2.2.3 可持续发展理论

可持续发展这一说法在 1972 年联合国召开的人类环境会议上首次被提出。随着经济的发展,人们面临着越来越严重的环境问题,人们也开始思考经济增长和社会发展之间的关系。世界环境与发展委员会在 1987 年发布了《我们共同的未来》的报告,在报告中不仅提出了可持续发展观,同时也正式给出了可持续发展的定义,即可持续发展既要满足当代人发展的需要,又不损害其后代满足自身需要的能力。此观点一出,得到了世界各国和各种组织机构的极大重视,各国也开始关注本国的经济增长模式是否符合可持续发展的理念。

可持续发展理论自诞生以来就受到社会各界的关注,在发展过程中人们不单单追求经济的增长,也更加注重人与自然的关系,经济的增长要与自然的承受能力相协调。我国在十五大报告中提出了要实施可持续发展的战略,十八大报告中确立了包括"生态建设"在内的五位一体的格局,十九大报告中更是提出了中国经济发展的最终目标是以人为本,这都体现了我国对可持续发展战略的重视。本文对企业碳会计信息披露的研究也体现了可持续发展理论的要求,企业要及时披露碳排放信息,树立良好的企业形象,促进企业和社会的可持续发展。

2.2.4 信息不对称理论

1970 年,Akerlof 在《次品问题》一文中首次提出了"信息市场"概念,由此也开始了对信息不对称理论的研究。信息不对称在市场上是一种普遍的现象,市场参与者对相关信息的了解是不一样的,企业和消费者对碳信息的掌握也不一样,信息掌握相对充分的人员,通常处于有利地位,而信息掌握相对较少的人员,则处于不利地位。信息不对称理论认为:在市场交易中卖方比买方掌握更多有关商品交易的信息,从而在市场交易中获益,这也表明了在市场交易中由于信息不对称而产生的问题。

我国上市公司碳会计信息的披露也存在着严重的信息不对称问题,一些企业内部有着全面的碳排放信息,但却因为考虑到自身形象而将加工后的碳会计信息对外披露。这就导致了企业内部和外部掌握的碳排放信息的不一致,也就出现了碳信息不对称的情况。企业管理者对本公司的碳排放情况和发展战略都了然于胸,但因为其没有及时地披露碳信息而影响了公众和外部投资者对公司的发展和价值的评价。也就是说,企业的管理层和外部信息使用者所掌握的碳信息不一致,如果两者之间缺乏真实可靠的沟通,则碳市场很难达到均衡的状态。

2.2.5 利益相关者理论

早在 1984 年,利益相关者理论由 Freeman 提出,该理论认为企业的发展与利益相关者的参与和投入休戚相关,同时企业的发展目标不应只着眼于个体的利益而应该更多地关注整体利益相关者的利益。企业追求的发展目标不只是实现利润最大化,更重要的是追求企业的发展效益和社会价值。

企业碳会计信息使用的利益相关者可以分为以下几类:一是企业内部的管理者,他们掌握着较为全面的碳会计信息,可以根据碳会计信息作出更为科学的发展战略;二是企业的投资者和债权人,企业的收益影响着投资者和债权人的利益,他们关注企业的发展状况,综合评价企业的发展前景;三是政府和社会公众,对于企业来说,政府和社会公众是对企业发展的有力监督者,政府可以通过企业披露的碳会计信息来决定是否扶持该企业,而社会公众作为产品的使用者,有权了解产品的生产过程是否环保。因此,企业需要真实地披露其碳排放信息,满足利益相关者的需求。

第3章 中国碳排放的智能预测

本部分基于前文所述理论,根据研究需要,采用灰色关联度分析,把影响中国碳排放的因素——人口、人均 GDP、城镇化率、工业化水平、第三产业比重、单位 GDP 能耗等作为比较数列,计算出关联度,从中选取关联度较大的指标因素[35]作为输入变量。分别选取了中国 1983—2015 年期间碳排放影响指标因素数据进行网络迭代训练,网络训练完成后,1986—2015 年期间碳排放相关数据被作为预测数据输入网络,进行拟合分析。最后,从智能预测模型[36]间的预测性能、拟合程度及误差分析,选出较好的预测模型,最后使用该模型预测中国"十三五"期间碳排放情况。

3.1 智能预测

3.1.1 碳排放影响因素的灰色关联分析

3.1.1.1 步骤分析

首先需要确定反映系统行为的特征参考数列 $X_0 = \{x_0(1), x_0(2), \cdots, x_0(n)\}$ 和影响系统行为的比较数列 $X_i = \{x_i(1), x_i(2), \cdots, x_i(n)\}$, $i = 1, 2, \cdots, m$。

(1)计算序列初值: $X_i' = X_{(1)} / X_i(1)$。

(2)计算差序列。

(3)计算极差。

(4)求参考数列与比较数列的灰色关联系数。

(5)求关联程度值。

由于关联系数是比较参考数列与数列在各个不同时刻的关联程度值,所以它的数值不止有一个,而信息过于分散的话不便于整体性的比较,所以有必要将各个时刻的关联系数集中为一个值,即求其平均值,作为参考数列与比较数列间关联程度的数量表示,关联度 $r_i = \dfrac{1}{n} \sum_{k=1}^{n} \xi_i(k)$。

（6）关联度排序。两个系统间的因素，其随不同对象或者时间而变化的关联性大小的量度，称为关联度。计算出研究对象与待识别对象各个影响因素之间的贴近程度的关联度，通过比较各关联度的大小来判断待识别对象对研究对象的影响程度，假如两个因素变化的趋势具有一致性，即同步变化的程度显著，即可说明二者关联程度较高；反之，则较低。

3.1.1.2　碳排放及其影响因素的数据来源

本文收集了 1983—2015 年期间碳排放及其影响指标因素的数据，利用 1983—2012 年的数据建立模型，2013—2015 年的资料进行模拟检验[37]。因影响因素较多，未全部列出，但在灰色关联度分析中均作为比较数列，表 3-1 为部分影响因素。

表 3-1　1983—2015 年中国碳排放及其影响因素

年份	碳排放量 /亿 t	人口 /万人	城镇化率 /%	人均 GDP /元	工业化水平 /%	第三产业 比重/%
1983	15.93386	103008	21.62	584	39.70	23.10
1984	17.24489	104357	23.01	697	38.50	25.50
1985	18.57808	105851	23.71	860	38.10	29.30
1986	19.70823	107507	24.52	966	38.40	29.80
1987	21.0278	109300	25.32	1116	37.80	30.30
1988	22.40368	111026	25.81	1371	38.20	31.20
1989	22.75338	112704	26.21	1528	37.80	32.90
1990	22.69709	114333	26.41	1654	36.40	32.40
1991	23.69252	115823	26.94	1903	36.80	34.50
1992	24.49162	117171	27.46	2324	37.90	35.60
1993	26.26645	118517	27.99	3015	39.80	34.50
1994	28.31547	119850	28.51	4066	40.10	34.40
1995	28.61685	121121	29.04	5074	40.70	33.70
1996	28.93377	122389	30.48	5878	41.00	33.60
1997	30.81745	123626	31.91	6457	41.30	35.00
1998	29.67256	124761	33.35	6835	40.00	37.10
1999	28.85722	125786	34.78	7199	39.70	38.60
2000	28.4975	126743	36.22	7902	40.00	39.80
2001	29.69576	127627	37.66	8670	39.40	41.30

续表

年份	碳排放量/亿t	人口/万人	城镇化率/%	人均GDP/元	工业化水平/%	第三产业比重/%
2002	34.64843	128453	39.09	9450	39.10	42.30
2003	40.69239	129227	40.53	10600	40.10	42.10
2004	50.89780	129988	41.76	12400	40.50	41.20
2005	55.12703	130756	42.99	14259	41.40	41.40
2006	58.17144	131448	44.34	16602	41.80	41.90
2007	62.56704	132129	45.89	20337	41.10	42.90
2008	68.00468	132802	46.99	23912	41.00	42.90
2009	71.20158	133450	48.34	25963	39.30	44.40
2010	70.04125	134091	49.95	30567	39.70	44.20
2011	76.51024	134735	51.27	36018	39.60	44.30
2012	79.54136	135404	52.57	39544	38.30	45.50
2013	82.20543	136072	53.73	43320	36.90	46.90
2014	82.94349	136782	54.77	46629	35.90	48.10
2015	83.68154	137462	56.10	49351	33.80	50.50

3.1.1.3 影响因素选取

把碳排放作为参考数列,把碳排放的影响因素——人均GDP、人口、城镇化率、工业化水平、第三产业比重、单位GDP能耗、天然气消费、核电消费作为比较数列,计算出关联度见表3-2。

表3-2 灰色关联度分析结果

影响因素	关联度值
人口	0.7746
人均GDP	0.9161
城镇化率	0.8140
工业化水平	0.7702
第三产业比重	0.7847
单位GDP能耗	0.7373
天然气消费	0.7561
核电消费	0.6032

根据关联度值的大小得出各个影响因素的大小顺序,本文从中选取了人口、人均 GDP、城镇化率、工业化水平、第三产业比重这几个关联度值较为明显的因素,作为后面智能模型预测的输入指标[38]。

3.1.2　基于 BP 神经网络中国碳排放预测模型

本小节主要介绍 BP 神经网络的模型建立、数据选择和归一化、网络训练和网络预测与结果分析。

3.1.2.1　模型建立

基于 BP 神经网络的非线性函数拟合算法流程可以分为 BP 神经网络构建、BP 神经网络训练和 BP 神经网络预测三步,如图 3-1 所示。

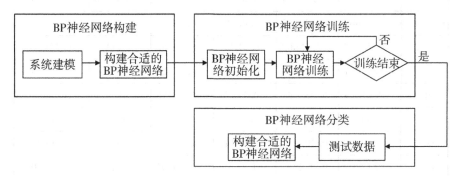

图 3-1　算法流程

BP 神经网络构建根据拟合非线性函数特点确定 BP 神经网络结构,由于输入变量为 5 个,一个碳排放量为输出变量,又根据经验法和试凑法确定出隐含层层数及隐含层神经元个数,所以 BP 神经网络结构为 5—5—1,即输入层有 5 个节点,隐含层有 5 个节点,输出层有 1 个节点。

在 1983—2015 年期间碳排放及其影响指标因素的数据中,使用训练跨度为 3,依次迭代训练预测出 1986—2015 年的预测输出,并与相应 30 年的碳排放量的实际值进行拟合、误差分析等。

3.1.2.2　数据选择和归一化

根据预先设定的输入、输出数据,将其存放在 mydata. mat 文件中,input 是函数输入数据,output 是函数输出数据。其中,归一化处理采用的是 mapminmax()函数处理,处理后的样本数据分布区间为[-1,1]。数据无量纲化处理使得样本数据的分布更加均匀,排除了不同影响因素的量纲影响[39]。归一化处理后的数据见表 3-3。

表 3-3　1983—2015 年中国碳排放及其影响因素归一化数据

年份	碳排放量 /亿 t	人口 /万人	城镇化率 /%	人均 GDP /元	工业化水平 /%	第三产业比重 /%
1983	−1.00000	−1.00000	−1.00000	−1.00000	0.22222	−1.00000
1984	−0.95878	−0.91672	−0.91018	−0.99420	−0.22222	−0.78571
1985	−0.91686	−0.82448	−0.86494	−0.98583	−0.37037	−0.44643
1986	−0.88132	−0.72225	−0.81260	−0.98039	−0.25926	−0.40179
1987	−0.83983	−0.61156	−0.76090	−0.97269	−0.48148	−0.35714
1988	−0.79657	−0.50500	−0.72924	−0.95960	−0.33333	−0.27679
1989	−0.78557	−0.40141	−0.70339	−0.95154	−0.48148	−0.12500
1990	−0.78734	−0.30084	−0.69047	−0.94507	−1.00000	−0.16964
1991	−0.75605	−0.20885	−0.65622	−0.93229	−0.85185	0.01786
1992	−0.73092	−0.12563	−0.62262	−0.91068	−0.44444	0.11607
1993	−0.67511	−0.04254	−0.58837	−0.87521	0.25926	0.01786
1994	−0.61069	0.03976	−0.55477	−0.82125	0.37037	0.00893
1995	−0.60121	0.11822	−0.52052	−0.76951	0.59259	−0.05357
1996	−0.59125	0.19651	−0.42746	−0.72823	0.70370	−0.06250
1997	−0.53202	0.27287	−0.33506	−0.69851	0.81481	0.06250
1998	−0.56802	0.34294	−0.24200	−0.67911	0.33333	0.25000
1999	−0.59365	0.40622	−0.14960	−0.66042	0.22222	0.38393
2000	−0.60496	0.46530	−0.05654	−0.62433	0.33333	0.49107
2001	−0.56729	0.51988	0.03651	−0.58491	0.11111	0.62500
2002	−0.41156	0.57087	0.12892	−0.54487	0.00000	0.71429
2003	−0.22152	0.61866	0.22197	−0.48583	0.37037	0.69643
2004	0.09937	0.66564	0.30145	−0.39343	0.51852	0.61607
2005	0.23234	0.71305	0.38094	−0.29800	0.85185	0.63393
2006	0.32807	0.75577	0.46817	−0.17772	1.00000	0.67857
2007	0.46628	0.79781	0.56834	0.01401	0.74074	0.76786
2008	0.63725	0.83936	0.63942	0.19754	0.70370	0.76786
2009	0.73777	0.87937	0.72666	0.30282	0.07407	0.90179

续表

年份	碳排放量 /亿 t	人口 /万人	城镇化率 /%	人均 GDP /元	工业化水平 /%	第三产业比重 /%
2010	0.70129	0.91894	0.83069	0.53917	0.22222	0.88393
2011	0.80129	0.81894	0.83069	0.63917	0.42222	0.78393
2012	0.82128	0.71892	0.93064	0.93917	0.41221	0.81391
2013	0.91466	0.98871	0.95597	0.83808	0.58515	0.79287
2014	0.90469	0.95870	0.91599	0.81899	0.18519	0.89286
2015	1.00000	1.00000	1.00000	1.00000	—0.29630	1.00000

3.1.2.3 网络训练

用训练数据训练 BP 神经网络,使网络对非线性函数输出具有预测能力[40]。其中,BP 神经网络主要用到 newff、train 和 sim 三个神经网络函数。对网络参数的配置为:迭代次数 epochs＝1000,学习率 lr＝0.25,学习目标 goal＝0.01。

现将各个函数解释如下:

(1)newff:BP 神经网络参数设置函数。

函数功能:构建一个新的 BP 神经网络。

函数形式:net＝newff(P,T,S,TF,BTF,BLF,PF,IPF,OPF,DDF)。

P:输入数据矩阵。

T:输出数据矩阵。

S:隐含层节点数。

TF:节点传递函数,包括对数 S 型传递函数 logsig,正切 S 型传递函数 tansig。

BTF:训练函数,包括动态反传和动态自适应学习率的梯度下降 BP 算法训练函数 traingdx,动量反传的梯度下降 BP 算法训练函数 traingdm 等。

BLF:网络学习函数,包括带动量项的 BP 学习规则 learngdm,BP 学习规则 learngd。

PF:性能分析函数,有均方差性能分析函数 mse,均值绝对误差性能分析函数 mae,均方差性能分析函数 mse。

IPF:输入处理函数。

OPF:输出处理函数。

DDF:验证数据划分函数。

（2）train：BP 神经网络训练函数。

函数功能：运用训练数据训练 BP 神经网络。

函数形式：[net，tr]＝train(NET，X，T，Pi，Ai)。

NET：需要训练的网络。

X：输入数据矩阵。

T：输出数据矩阵。

Pi：初始化输入层的条件。

Ai：初始化输出层的条件。

net：训练好的网络。

tr：训练过程记录。

（3）sim：BP 神经网络预测函数。

函数功能：运用训练好的神经网络预测函数输出。

函数形式：Y＝sim(net，x)。

net：训练好的网络。

x：预测输入数据。

Y：网络预测数据。

3.1.2.4　网络预测与结果分析

依次迭代训练预测出 1986—2015 年的预测输出，训练跨度为 3 年，根据输出结果分析 BP 神经网络的拟合能力。预测结果如图 3-2 所示，BP 神经网络预测误差值如图 3-3 所示。

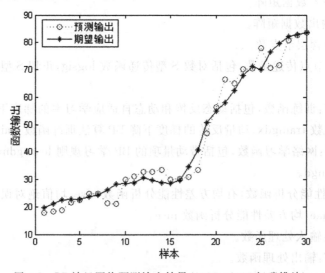

图 3-2　BP 神经网络预测输出结果(1986—2015 年碳排放)

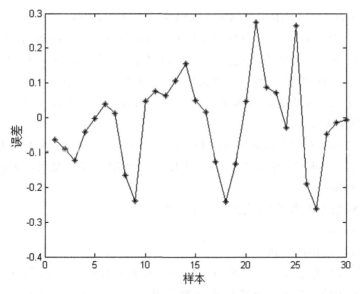

图 3-3　BP 网络训练预测误差值(1986—2015 年碳排放)

由图 3-2 可以看出 BP 神经网络的拟合效果一般,能大体反映预测输出和期望输出的相同趋势,虽有少量样本均匀分布在期望输出[41]曲线两侧,但不影响整体预测趋势。其中由图 3-3 可以看出 1986—2015 年的预测平均误差值之和为 3.0820,属于正常预测范围,能够反映出 BP 神经网络的泛化能力。

3.1.3　基于 RBF 神经网络中国碳排放预测模型

本部分主要介绍 RBF 神经网络的模型建立、RBF 神经网络工具箱函数、数据选择和归一化、网络训练及预测、结果分析。

3.1.3.1　模型建立

在 RBF 神经网络拟合中,使用近似径向基网络从 1983—2015 年期间碳排放及其影响指标因素的数据中,使用训练跨度为 3,依次迭代训练预测出 1986—2015 年的预测输出,并与相应 30 年的碳排放量的实际值进行拟合、误差分析。通过可视化的方法观察 RBF 神经网络的拟合效果和预测性能。

3.1.3.2　网络工具箱函数

近似(approximate)径向基网络在预测拟合过程中所使用的函数有 newrb、radbas。现将各个函数解释如下:

1. newrb()

该函数可以设计一个近似(approximate)径向基网络。调用的格式为

[net,tr]＝newrb(P,T,GOAL,SPREAD,MN,DF)

其中,P 为 Q 组输入向量组成的 R×Q 维矩阵;T 为 Q 组目标分类向量组成的 S×Q 维矩阵;均方误差为 GOAL,一般默认是 0.0;径向基函数的扩展速度为 SPREAD,一般默认值为 1;神经元的最大数目表示为 MN,默认为输入变量的维数;其中两次显示中间要添加的神经元个数为 DF,一般 25 为默认值。

径向基网络在用 newrb()函数进行网络创建时是一个不断尝试的过程,在此过程中,需要不断增加中间层神经元和个数,一直到输出误差满足预先设定的值。

2. radbas()

该函数为传递函数,它的调用格式为

A＝radbas(N)

info＝radbas(code)

其中,N 为输入向量的 S×Q 维矩阵;A 为函数返回矩阵,与 N 一一对应,即 N 中的每个元素通过 RBF 函数得到 A。info＝radbas(code),则表示根据 code 值的不同返回有关函数的不同信息。

3.1.3.3　网络预测与结果分析

依次迭代训练预测出 1986—2015 年的预测输出,分析 RBF 神经网络的拟合能力及预测性能。预测结果如图 3-4 所示,RBF 神经网络预测误差值如图 3-5 所示。

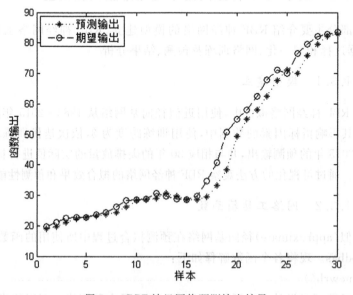

图 3-4　RBF 神经网络预测输出结果

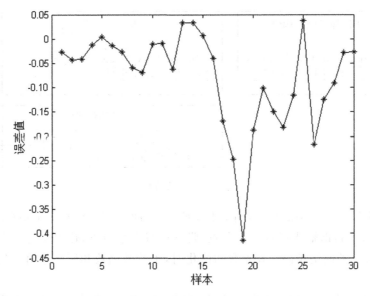

图 3-5 RBF 网络训练预测误差值

由图 3-4 可以看出，RBF 神经网络的拟合效果较好，能大体反映预测输出和期望输出的相同趋势，其中由图 3-5 可以看出，1986—2015 年的预测平均误差值总和为 2.9369，属于正常预测范围，能反映出 RBF 神经网络较强的预测能力。

3.1.4 基于小波神经网络中国碳排放预测模型

下面主要介绍小波神经网络的模型建立、网络初始化及训练实现、网络预测与结果分析。

3.1.4.1 模型建立

根据碳排放的特性设计小波神经网络，网络分为输入层、隐含层和输出层三层。其中，输入层输入为 5 个影响碳排放的关键影响因素；隐含层节点由小波函数构成；输出层则输出预测年份的碳排放量。在小波神经网络拟合中，在 1983—2015 年期间碳排放及其影响指标因素的数据中，使用训练跨度为 3，依次迭代训练预测出 1986—2015 年的预测输出，并与相应 30 年的碳排放量的实际值进行拟合、误差分析。通过可视化的方法观察小波神经网络的拟合效果和预测性能。基于小波神经网络的碳排放预测算法的流程如图 3-6 所示。

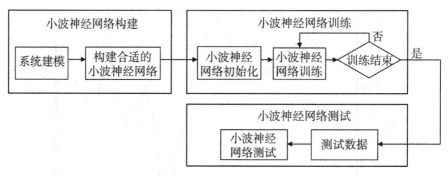

图 3-6　算法流程

小波神经网络的构建,确定小波神经网络的结构,本文采用的网络结构为 5—7—1,即输入层有 5 个节点,隐含层有 7 个节点,输出层有 1 个节点为碳排放的网络预测。在参数初始化时,小波基函数和网络权值是随机得到的。

网络训练:使用预先设定的训练数据训练网络,训练次数为 300 次。

网络测试:使用训练好的小波神经网络进行预测碳排放量,进而分析预测的结果。

3.1.4.2　网络初始化及训练实现

1.初始化网络

小波神经网络结构、参数及权值进行初始化后,对训练的数据进行归一化处理。训练的输入、输出数据分别为 input、output(1983—2015 年数据),进行预测拟合的输入和输出数据分别为 input_test、output_test(1986—2015 年数据)。其中,归一化处理采用的是 mapminmax() 函数处理,处理后的样本数据分布区间为[-1,1]。数据无量纲化处理使得样本数据的分布更加均匀,排除了不同影响因素的量纲影响。归一化处理后的数据如表3-3 所示。

2.网络训练

使用 1983—2015 年,33 年的影响因素数据作为训练数据进行迭代多次训练,过程中调用小波函数 mymorlet 及小波函数偏导数 d_mymorlet,使小波神经网络具有碳排放的预测能力。

3.1.4.3　网络预测与结果分析

小波神经网络模型迭代训练后,依次预测 1986—2015 年碳排放的预测输出和期望输出,分析小波神经网络的拟合能力及预测性能。预测结果如

图 3-7 所示,小波神经网络预测误差值如图 3-8 所示。

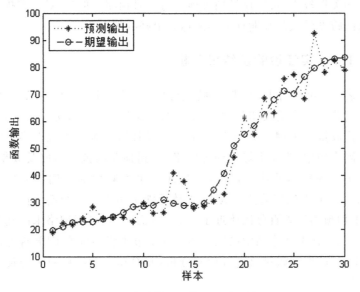

图 3-7　小波神经网络预测输出结果

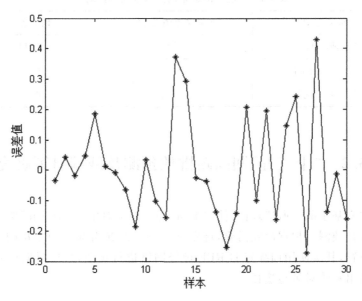

图 3-8　小波神经网络预测误差值

由图 3-7 可以看出,小波神经网络的拟合效果一般,不能很好地反映预测输出和期望输出的相同趋势,其中由图 3-8 可以看出,1986—2015 年的预测平均误差值总和为 9.5832,平均误差百分比也大于 5%,超出正常预测范围。因小波分析的特点是时域都具有紧支集或近似紧支集,对预测数据的时间相关性较强,可以比较精确地进行短时预测。但是,对于碳排放预测这种时间跨度较大的长期预测不能达到很好的拟合。

3.1.5 实证检验及结果分析

由表 3-4 可以看出,上述三种智能预测模型的预测结果,在碳排放预测这种时间跨度较大的长期预测中,不同时期碳排放量增速差别很大,不同时期对碳排放量的关键影响因素[42]也不同,同时,影响因素也很多。因此在三种预测模型中,为能更好地训练网络,达到预期的拟合精度及效果,过程中采取了训练样本的迭代训练,使预测效果不断地逼近期望输出。其中RBF 神经能输出较好的拟合效果,大体反映了预测输出和期望输出的相同趋势,平均预测误差百分比接近于 5%。然而,小波神经网络未能达到预期效果,其原因在上述小结中已经说明。在下节中将会选取 RBF 神经网络对中国"十三五"期间碳排放进行预测分析,并对相应的减碳对策与途径进行研究分析。

表 3-4 智能预测模型间预测性能参数对比

网络类型	平价误差值总和	均方差
BP 神经网络	3.0820	0.0011
RBF 神经网络	2.9369	0.0019
小波神经网络	9.5832	0.0001

3.2 "十三五"期间碳排放预测及减碳对策研究

本文基于前文所述理论,使用 RBF 神经网络对中国"十三五"期间的碳排放进行预测。根据研究需要,首先对 2016—2020 年输入自变量的情景值进行设置,其次使用训练好的 RBF 神经网络进行预测,最后根据预测结果分析给出减碳对策与途径。

3.2.1 自变量情景值

3.2.1.1 总人口

2007 年公布的《国家人口发展战略研究报告》曾提出,未来的 30 年还将净增 2 亿人左右,于 2033 年前后将要达到峰值 15 亿人左右。该报告的判断是:全国总和生育率保持在 1.8 左右的前提是人口总量峰值控制在 15 亿人左右。据了解,国家发改委正在酝酿编写新一轮的《国家人口发展战略研究报告》,根据《国家人口发展战略研究报告》每年按照 800 万~1000 万人的净增值进行测算,到 2010 年和 2020 年我国总人口分别能达到 13.6 亿人和 14.5 亿人[43]。因此可以设置 2016—2020 年每年净增 1000 万人左右,分别为 13.89696 亿人、14.04772 亿人、14.19848 亿人、14.34924 亿人、14.5 亿人。

3.2.1.2　城镇化率

《城市蓝皮书:中国城市发展报告 No.8》指出[44],全国人口城镇化的速度将有所放缓。自 20 世纪 90 年代中期,人口城镇化水平发展一直很迅速,进入了城镇化中期发展阶段。"九五""十五""十一五"时期[45],全国城镇化水平年均分别提高了 1.44 个、1.35 个和 1.39 个百分点。"十二五"期间,全国城镇化发展速度有放缓趋势,年均提高降至 1.21 个百分点,但是,整体的城镇化水平首次超过了 50%。2011—2014 年,城镇化水平的提高幅度逐年降低,依次为 1.32 个、1.30 个、1.16 个和 1.04 个百分点。根据城镇化发展的一般规律,中国城镇化在整体上进入了中后期发展阶段,城镇化发展速度也趋于降低。"十三五"期间,城镇化发展速度不再可能会有中前期的增幅,但是还会保持在较高的水平。预计"十三五"时期,城镇化发展速度将会略低于 1 个百分点,到 2020 年城镇化率将在 60% 左右。因此,可设置 2016—2020 年的城镇化率分别为 56.88%、57.66%、58.44%、59.22% 和 60%。

3.2.1.3　人均 GDP

今年"十三五"规划的主要目标为保持经济的中高速增长。主要经济指标协调平衡,到 2020 年,城乡居民人均收入和国内生产总值要比 2010 年翻一番,发展质量和效益明显提高。

其中,纲要中明确了一系列指标,共涉及经济发展、创新驱动、民生福祉和资源环境 4 大类 25 项指标。其中,最受关注的是经济发展目标。纲要指出,在未来的五年,GDP 年均增速要保持在 6.5% 以上,到 2020 年经济总量要超过 92.7 万亿元。把 GDP 增长目标设定在 6.5%~7%,在体现市场经济客观性的同时,也使 2016 年当年增长目标同"十三五"规划年均增长 6.5% 以上的目标紧密连接。依据 2020 年的预计完成经济总量指标 92.7 万亿元和 GDP 的增速底线 6.5%,测算出 2016—2020 年的 GDP 为

726766.24 亿元、776824.68 亿元、826883.12 亿元、876941.56 亿元和927000 亿元。依据上文 2016—2020 年的总人口数测算出人均 GDP 为52297 元、55299 元、58237 元、61114 元和 63931 元。

3.2.1.4 工业化水平

《工业化蓝皮书："一带一路"沿线国家工业化进程报告》指出,2014 年中国的工业化综合指数为 83.69,位于工业化后期的中段,"十二五"时期中国工业化水平有了实质性的提高,从工业化中期步入了工业化后期,这在中国工业化进程中具有标志性意义,预计中国 2020 年基本实现工业化。当今整个世界仍处于工业化时代,我国到 2020 年基本实现工业化,但并不意味着工业化的结束,再工业化被美国等发达国家提出,因为知识积累和工业生产能力关系到国民经济发展的关键。进入到工业化后期的中国,工业化进程还在继续,中国提出了"中国制造 2025"战略,走新型工业化道路,对于我们实现从工业大国转向强国的意义重大。

基本实现工业化的主要标志有很多,其中工业占比的标志为:工业经济增速明显放缓,工业占 GDP 比重达到峰值后缓慢下降。

一方面,受到了外部环境变化和结构调整等因素的影响,我国工业增加值占比出现了明显的波动,先后于 1980 年和 2006 年出现两次的短期峰值(1980 年为 43.9%,2006 年为 42.2%)。所以,我国工业化是否基本实现,不能简单以工业占比的拐点出现为参照标准,而是应该结合全球市场竞争格局和工业增速情况进行综合长时期的分析。第三产业发展趋势明显,加之产业分工明细化,我国的工业占比峰值很难再超过历史上出现的高点。尤其是这几年,工业占 GDP 比重呈现出了不断下降的趋势。到"十三五"末,我国的工业占比将呈现出下降或保持稳定,整体上符合工业化实现的特征。

另一方面,工业占比的变动情况是体现工业化进程的一个重要指标。工业化中后期,工业占比提升较快,工业经济增速加快;工业化后期,工业占比拐点出现并且出现缓慢的下降趋势。如美国 1955 年工业占比达到峰值39.1%,日本 1970 年达到峰值 43.5%,法国 1965 年达到峰值 34.8%,韩国1991 年达到峰值 42.6%,此后工业占比慢慢下降,工业增速也出现了下降。对中国,工业是拉动经济快速增长的重要引擎,是国民经济的主导,我国的工业化变动趋势也将符合这一历史趋势。预计"十三五"期间工业占 GDP比重保持稳定或呈缓慢下降,速度略低于 3 个百分点。因此,可设置2016—2020 年的工业化水平分别为 32.88%、31.99%、31.13%、30.28%和 29.46%。

3.2.1.5 第三产业比重

第三产业占比一直是衡量中国经济转型成功与否的重要标志,曾经成为老大难的问题,"十一五"期间的目标就未完成。不过,自 2012 年第三产业增加值占比首次超过工业以来,中国经济已由工业主导向服务业主导转型,第三产业也成为稳定经济增长以及就业的重要支撑。"十三五"纲要确定,"十三五"末,全员劳动生产率要从 2015 年的 8.7 万元/人提升至 12 万元/人以上;常住人口城镇化率要达到 60%,户籍人口城镇化率要达到 45%;第三产业占 GDP 比重则要从 2015 年的 50.5% 进一步提升至 56%。据此测算出 2016—2020 年的第三产业比重分别为 51.60%、52.70%、53.80%、54.90% 和 56.00%。

3.2.2 "十三五"期间碳排放情景值预测

3.2.2.1 模型建立

由 3.1 节可知,RBF 神经能输出较好的拟合效果,大体反映了预测输出和期望输出的相同趋势,平均预测误差低于 3%。在 RBF 网络拟合中,使用近似径向基网络对选取 1983—2012 年,30 年的影响因素数据作为训练数据进行迭代多次训练,RBF 网络训练完成后,采用 2016—2020 年的自变量情景值[46-47]为输入变量(见表 3-5),预测"十三五"期间碳排放,并对预测结果进行分析,给出相应的减碳对策与途径。

表 3-5 "十三五"期间碳排放影响因素的情景值

年份	人口 /万人	城镇化率 /%	人均 GDP /元	工业化水平 /%	第三产业比重 /%
2016	138969.6	56.88	52297	32.88	51.60
2017	140477.2	57.66	55299	31.99	52.70
2018	141984.8	58.44	58237	31.13	53.80
2019	143492.4	59.22	61114	30.28	54.90
2020	145000.0	60.00	63931	29.46	56.00

3.2.2.2 RBF 神经网络预测与结果分析

用拟合好的 RBF 神经网络预测 2016—2020 年碳排放的预测输出,预测结果如图 3-9 所示。

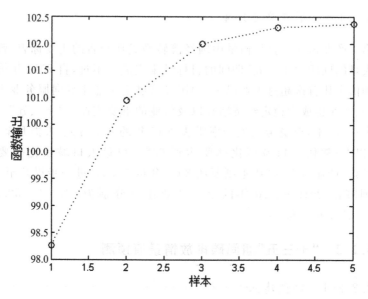

图 3-9 "十三五"期间碳排放预测输出结果

"十三五"期间碳排放总量控制目标的量化已经有比较充分的依据，2015 年中国在巴黎大会召开前提交的国家自主贡献文件中，提出将于 2030 年左右使二氧化碳排放达到峰值，并争取尽早实现，诸多研究表明，中国 2030 年的能源相关碳排放达到峰值时总量约在 110 亿 t。其中，"十三五"能源相关碳排放总量设定以"煤炭消费总量控制"研究课题组的模型模拟情景为依据，到"十三五"期末 2020 年的碳排放总量控制目标在 105 亿 t 左右。本文预测模型输出结果分别为 98.2603 亿 t、100.9395 亿 t、101.9900 亿 t、102.2928 亿 t 和 102.3569 亿 t，接近 2020 年的碳排放总量控制目标，达到预测效果。

3.2.3 "十三五"期间减碳对策与途径

3.2.3.1 控制人口过快增长，鼓励低碳的生活方式

我国是一个人口大国，人口基数大，应相应地控制人口的过快增长，鼓励低碳的生活方式和消费模式[48]。提高人们的节约意识和环保意识，建立其低碳的生活方式和消费模式。从"十三五"碳排放预测模型中，虽然 2020 年我国的总人口能达到 14.5 亿人。如果设置 2016—2020 年每年净增人口数减少 50%，则"十三五"期间碳排放总量如图 3-10 所示，分别为 95.2603 亿 t、96.7325 亿 t、98.7900 亿 t、99.1928 亿 t 和 100.1569 亿 t，接近 2020

年的碳排放总量控制目标,并且增速逐渐放缓,可促使 2030 年的碳排放峰值尽早实现。

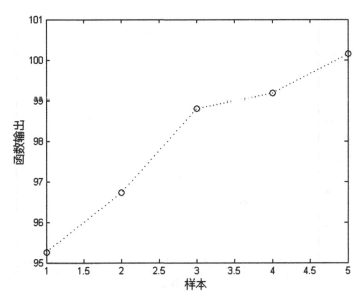

图 3-10　"十三五"期间碳排放预测输出结果(人口增速减少 50％)

3.2.3.2　优化产业结构,尽早实现第三产业占比目标

自中共十六大召开以来,"推动产业结构优化升级"就一直是中国经济发展过程中的一个战略性目标,产业结构的优化不仅对能够促进经济发展和社会进步,对于生态环境质量的提高也具有重要作用。产业结构的优化要做到因地制宜和因时制宜,东部、中部和西部地区要根据各自的经济水平、禀赋结构以及环境承载能力,合理调整三大产业的比重,特别是西部地区的生态环境较为脆弱且经济水平又相对落后,对重工业的引进务必要做到与其他产业相协调、与自然环境相匹配;中部地区在发展资本密集型产业的同时,要加强对重污染企业的监管和排污治理,避免出现"经济增长以环境为代价"的局面。此外,节能环保产业作为战略性新兴产业的重要一员,对经济和环境的均衡发展能够起到很好的平衡和促进作用,因此,地方政府应大力支持当地节能环保产业的发展,在税收或财政方面予以相应的优惠政策。"十三五"规划纲要提出第三产业占 GDP 比重则要从 2015 年的50.5％进一步提升到 56％。如果据此测算出 2016—2020 年的第三产业比重增速提高 50％,则"十三五"期间碳排放总量如图 3-11 所示分别为94.1603 亿 t、95.7115 亿 t、96.5401 亿 t、98.1818 亿 t、100.1469 亿 t,接近

2020 年的碳排放总量控制目标,并且增速放缓显著,可促使 2030 年的碳排放峰值尽早实现。

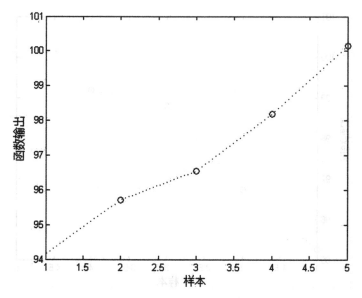

图 3-11 "十三五"期间碳排放预测输出结果(第三产业占比增速提高 50%)

3.2.3.3 提高能源使用效率,大力推广清洁能源

我国是一个人口大国,能源[49]的节约使用显得尤为重要,我们可以推广使用节能电器和节能建材,对使用节能电器和节能建材的居民减少税收等;提高能源的利用效率,减少对二氧化碳的排放。原煤炭的消耗是能源碳排放的主要来源,又是二氧化碳的主要来源。且原煤所占的消费比重也大,碳排放明显高于天然气和石油。所以,应该增加天然气、水电、石油在能源结构中的所占比重,改变以煤炭为主的能源结构这一现象。另外,从长远发展低碳城市的角度来看,还应该加快发展核电、生物质能发电,进一步提高核电、生物质发电等清洁能源的比重。在近期,经济发展和能源结构不会出现很快的改变前提下,严格控制能源消费带来的碳排放量增长,提高能源效率是一项有效的措施。

3.2.3.4 实施强制性碳排放目标

"十三五"规划把碳排放总量强制性纳入控制目标,为未来 15 年的低碳发展制定政策路线图,保障碳排放峰值目标的完成;通过市场手段和政府监管来控制碳排放总量目标,这样两者相结合的手段更加科学有效;为了控制碳排放的总量,我们要通过科学的方法,并且利用法律和经济的手段来引导和规范各个领域的减排行动,从而通过绿色的和低碳型的经济,促进环境问题的改善和有效解决。

首先,应该考虑到地区和行业发展的特点,实行双向管理、双向控制的方法,来有效地保证和实现碳排放总目标的完成。根据"十二五"期间碳强度[50]目标分配实施的经验和国家经济转型战略,主要行业的碳排放目标总量控制是首先要确定的,而根据地区产业的发展阶段和结构来确定行政区划内碳排放总量控制目标。强度目标和总量控制目标,这两者目标的分解既有一致性又有不同性。强度下降潜力不能"鞭打快牛",其主要与经济发展的阶段相关。在控制总量目标时,既要考虑到发展阶段,更要考虑到国家功能区的特点。对于要淘汰落后产能的地区和生态脆弱限制发展的地方,碳排放总量目标控制也应该严格控制。

其次,确定国家碳市场配额总量。国家未来的碳市场范围还没有确定,其中按照排放量将主要行业的重点排放源放入是很有可能的方式,排放配额的可参考分配方法有两种,即行业基准法和历史排放法。国家碳市场配额是市场化手段控制和减排的重要手段,但其实现的前提是碳排放总量控制目标的落地。两者的结合,不仅能够促进碳市场的健康发展、创造长期稳定的政策信号,也有利于政策设计与精细化管理。

再次,积极推动有条件的地区于 2012 年提前达到峰值。为了国家的 2030 年碳排放峰值目标,有些地区需要在 2020 年实现碳排放的峰值目标。

最后,理清责任主体和排放主体,创新制度。未来国家碳市场的设计与实施,可以覆盖主要行业的碳排放源。以前,国家将碳强度指标分配给下一级的省、市等地方政府,实际上企业恰恰是碳排放的源头,又由于省、市等一些地方政府怎么样管理企业进行控制碳排放目标缺少制度基础,所以这就导致排放主体和责任主体错配。对于一些市场之外的行业企业等碳排放源,需要建立激励机制和法律法规规范等,使地方政府能更好地行使监督职责,使国家和碳排放主体有更多的方式去实现达标排放,排放主体能更加有动力地实现节能减排。

第4章　河南省碳排放峰值研究

4.1　河南省经济社会发展和碳排放现状

4.1.1　经济社会发展现状

4.1.1.1　人口规模及城镇化水平

2010年人口普查河南省登记的户籍总人口数为10437万人,自2010年以来总人口数是根据2010年人口普查登记户籍人口推算而来的。根据河南省2016年统计年鉴数据,河南省2015年年末总人口数10722万人,常住人口9480万人,自然变动净增人口60万人,自然增长率5.65‰,城镇和乡村人口分别为5023万人和5699万人,城镇化率46.85%。河南省地市中,城镇化率最好的是省会郑州市,城镇化率达到69.7%,其次分别是济源、鹤壁、焦作、洛阳,河南省辖地市城镇化率见图4-1。

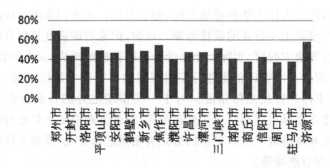

图 4-1　河南省各地市城镇化率

根据2010年全国人口普查数据,全国人口城镇化率为49.68%,从东、中、西部来看,东部地区最高为59.89%,中部次之为45.3%,西部较低为41.44%,河南省城镇化率可以作为中部省份的代表,但较经济发达的人口城镇化率最高的上海的89.3%来说,河南省城镇化率要低很多,与全国的城镇化率相比,也要低4.48个百分点,可见,河南省的人口城镇化率目前还处于中等稍低水平。

4.1.1.2　经济发展水平和结构

1.经济发展状况

自 2000 年以来,河南省经济发展迅速,经济发展速度基本保持在 9%以上,2010 年以后经济发展速度逐渐下降。"十二五"末全省生产总值 37010 亿元,年均增长 9.6%,对比全国及其他先进省份的经济发展速度可以看出,河南省的经济发展速度略高于全国平均水平,与先进省份差别不大,如表 4-1 所示。但是由于河南省人口众多,人均地区生产总值却远远落后于先进省份。2015 年人均地区生产总值达到 39131 元,但与全国水平相比,仍低 10%,与沿海城市和一线城市省份相比,河南省人均生产总值远低于经济发达省份。

表 4-1　河南省与先进省份经济发展速度对比　　　　　单位:%

省份 ＼ 年份	2010	2011	2012	2013	2014	2015
全国	10.3	8.9	7.7	7.7	7.3	6.3
河南省	12.5	11.9	10.1	9.0	8.9	8.3
安徽省	14.6	13.5	12.1	10.4	9.2	8.7
湖北省	14.8	13.8	11.3	10.1	9.7	8.9
湖南省	14.6	12.8	11.3	10.1	9.5	8.5
江西省	14.0	12.5	11.0	10.1	9.7	9.1
山西省	13.9	13.0	10.1	8.9	4.9	3.1
江苏省	12.7	11.0	10.1	9.6	8.7	8.5
浙江省	11.9	9.0	8.0	8.2	7.6	8.0

对比分析浙江、江苏和山东三个先进省份与河南省经济发展水平:从 GDP 指标来看,河南省 GDP 总值低于三个先进省份,加上广东省,河南省 GDP 在全国居于第五位。但是,对比人均 GDP,可以发现河南省的人均 GDP 远低于其他先进省份,2014 年只占浙江省的 46%,江苏省的 42%,山东省的 55%。而与其他中部省份相比,河南省的人均 GDP 远低于湖北省和湖南省,2014 年只有湖北省的 79%,湖南省的 92%。这主要有两个方面的原因,一是河南省经济发展起步慢,GDP 总值低;二是人口基数大。河南省 2010—2015 年 GDP 与人均 GDP 比较如图 4-2 所示。

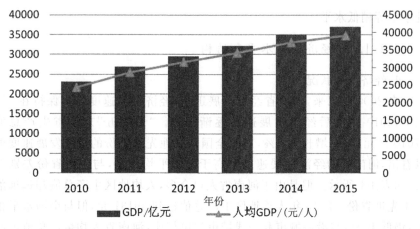

图 4-2 河南省 2010—2015 年 GDP 与人均 GDP(可比价)

2.产业结构状况

从三产比例来看,如图 4-3 所示,河南省经济发展主要依靠第二产业,且第二产业在经济发展中所占的比重比第一、三产业高很多。并且,随着经济发展、农业设施和农业技术水平的提高,第一产业在三产中所占的比重一直是下降的。第三产业的变化与经济发展水平息息相关,但总的来看,变化是比较稳定的,在持续增加中。"十二五"末,服务业增加值比重已经达到了 39.5%,远远超过预定目标 33%,城镇化率达到 46.85%。但与全国水平和发达地区相比,河南省的第三产业比重依然落后于经济发达地区。

表 4-2 河南省与其他省份历年 GDP 与人均 GDP(可比价)

年份		2010	2011	2012	2013	2014	2015
GDP /亿元	全国	408903	484124	534123	588019	636139	591288
	河南省	23092	26931	29599	32191	34938	36573
	安徽省	12359	15301	17212	19039	20849	20607
	湖北省	15968	19632	22250	24668	27379	26602
	湖南省	16038	19670	22154	24502	27037	26338
	江西省	9451	11703	12949	14339	15715	15551
	山西省	9201	11238	12113	12602	12761	13482
	浙江省	27722	30217	32635	35311	37994	41033
	江苏省	41425	45982	50626	55487	60314	65440
	山东省	39170	43439	47697	52275	56823	61369

续表

年份		2010	2011	2012	2013	2014	2015
人均 GDP /(元/人)	全国	30567	36018	39544	43320	46629	43015
	河南省	24446	28661	31499	34211	37072	38579
	安徽省	20888	25659	28792	32001	34425	33539
	湖北省	27906	34197	38572	42826	47145	45457
	湖南省	24719	29880	33480	36943	40271	38830
	江西省	21253	26150	28800	31930	34674	34059
	山西省	26283	31357	33628	34984	35070	36797
	浙江省	50895	55313	59585	64225	68980	74081
	江苏省	52644	58213	63922	69891	75771	82046
	山东省	40853	45076	49248	53709	58048	62323

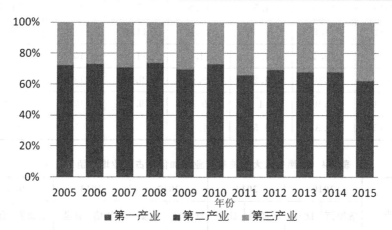

图 4-3　2005—2015 年河南省第一、二、三产业构成变化

　　从第一、二、三产业的增加值增速来看,增长速度最快的为第二产业,其次为第三产业。这说明河南省的经济发展主要依赖于第二产业的推动。从 2011 年开始,第二产业和第三产业的增速基本持平,河南省的产业结构正在向着调整的方向努力。

　　比较河南省的工业发展,重工业化特征明显,在"十二五"期间,煤炭、黑色金属、有色金属、非金属、化工和电力六大高能耗行业占总工业增加值比重增长到 35% 以上。从 2000 年以来的数据来分析,河南工业中重工业所占的比重是逐渐下降的,这也与河南省持续引进高新技术,鼓励高新技术企业发展,并大力实施节能减排工作相关。

表 4-3　河南省第一、二、三产业增加值增速　　　　　单位：%

年份	GDP 增速	第一产业	第二产业	工业	建筑业	第三产业
2000	9.5	4.5	11.8	11.6	13.1	9.2
2001	9.0	5.5	9.9	9.6	11.6	10.3
2002	9.5	4.5	11.6	11.7	10.6	9.9
2003	10.7	−2.5	17.0	17.1	16.7	10.1
2004	13.7	12.8	16.2	17.0	11.0	10.4
2005	14.2	7.5	17.6	18.7	9.4	12.8
2006	14.4	7.3	17.7	18.7	10.5	12.9
2007	14.6	3.8	18.1	19.6	5.1	14.1
2008	12.1	5.5	14.6	15.3	7.3	10.7
2009	10.9	4.2	12.4	11.6	21.3	11.1
2010	12.5	4.5	14.8	15.4	9.5	11.4
2011	11.9	3.6	13.2	14.1	5.2	13.4
2012	10.1	4.4	11.4	11.5	10.4	10.1
2013	9.0	4.2	9.9	9.1	13.9	9.9
2014	8.9	4	9.4	9.3	10.3	9.6
2015	8.3	4.5	7.7	7.7	7.4	10.9

表 4-4　河南省六大高能耗行业增加值及占工业增加值的比重

行业	2010		2011		2012		2013		2014	
	增加值/亿元	比重/%	增加值/亿元	比重/%	增加值/亿元	比重/%	增加值/亿元	比重/%	增加值/亿元	比重/%
煤炭	1183	9.9	1339	9.6	1201	8.0	956	6.4	838	5.3
黑色金属	609	5.1	614	4.4	826	5.5	822	5.5	807	5.1
有色金属	645	5.4	767	5.5	676	4.5	598	4.0	553	3.5
非金属	1518	12.7	1730	12.4	1937	12.9	1927	12.9	2071	13.1
化工	609	5.1	698	5.0	766	5.1	732	4.9	775	4.9
电力	359	3.0	544	3.9	586	3.9	538	3.6	538	3.4
总计	—	41.2	—	40.8	—	39.9	—	37.3	—	35.3

3. 分地市经济发展状况

河南省 18 个地市,10 个直管县(市),此处只对河南省 18 个地市的经济发展状况进行分析。由图 4-4、图 4-5 和图 4-1 可以看出,18 个地市经济发展水平不均,郑州作为河南省省会城市,经济发展水平明显高于其他地市,从产业结构来说,郑州市的第三产业更是远高于其他地市,且城镇化率明显高。而鹤壁、洛阳和济源是河南省地市中的老工业基地,经济发展水平与其他地市相比较高,但主要是工业推动的结果,呈现工业一枝独大的现象,且区域环境水平要低于经济不发达地区。周口作为河南省突出的农业大市和人口大市,其经济水平与南阳、信阳一样,属于河南省经济不发达地市,第一产业所占比重较大,人均收入和城镇化率都较低。

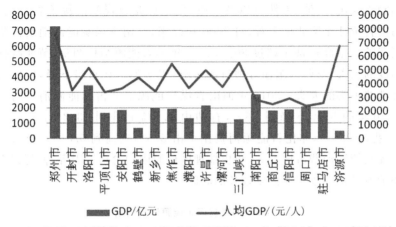

图 4-4 2015 年河南省各地市经济发展状况

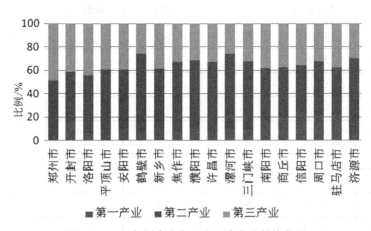

图 4-5 2015 年河南省各地市经济产业结构状况

与全国的人均GDP相比(2014年的40749元/人),河南各地市的人均GDP除了郑州、济源等6个地市高于全国水平,其他12个地市的人均GDP均不到40000元。其中,南阳、商丘等5个地市的人均GDP达不到30000元。这说明河南省大部分地区目前仍处于工业化初期阶段,经济仍需进一步发展,对于全面建设小康社会也需投入加倍的努力。

4.1.2 能源消费现状

4.1.2.1 能源消费概况

河南省经济发展主要是以能源消费为基础的,且河南省能源消费品类虽然涵盖煤炭、石油、天然气以及水电,但主要是以煤炭能源消费为主的。从河南省统计年鉴数据来看,自2000年以来,河南省煤炭能源消费占总能源消费的比重高达甚至超过80%,2013年随着能源结构调整、节能减排工作力度的加大,及西气东输等项目的影响,煤炭消费比重略下降,但依然占能源消费种类的大头。2015年河南省煤炭能源消费占总能源消费的比率由2010年的83%下降到76%,石油由9.9%上升到13.2%,天然气由2.3%提高到5%,非化石能源消费比重由3.8%提高到5.8%。但由于河南省煤炭能源消费占比太大,历史地理区位原因和价格原因等,使得河南省能源消费结构的改善还需要很长的时间。

表4-5 河南省历年能源消费构成

年份	能源消费总量/万t标煤	煤炭所占比例/%	石油所占比例/%	天然气所占比例/%	水电所占比例/%
2000	7919	87.6	9.6	1.7	1.1
2001	8367	87.0	9.5	1.9	1.6
2002	9005	86.6	9.3	2.0	2.1
2003	10595	86.7	9.4	1.9	2.0
2004	13074	86.6	9.2	2.0	2.2
2005	14624	87.2	8.7	2.2	1.9
2006	16235	87.4	8.0	2.5	2.1
2007	17841	87.7	7.9	2.5	1.9
2008	18784	87.2	8.0	2.6	2.2
2009	19751	87.0	7.9	2.8	2.3

续表

年份	能源消费总量/万 t 标煤	煤炭所占比例/%	石油所占比例/%	天然气所占比例/%	水电所占比例/%
2010	18963	84.3	9.0	3.0	3.7
2011	20462	83.5	9.8	3.3	3.4
2012	20070	80.2	10.3	4.2	5.3
2013	21909	77.1	12.9	4.8	5.2
2014	22890	77.7	12.6	4.5	5.3
2015	23161	76.5	13.1	4.5	5.9

从能源利用效率方面,河南省 2015 年的单位 GDP 能耗为 0.715t 标煤/万元,较 2005 年下降了 38.50%,如表 4-6 所示。国务院下达河南省"十二五"期间的节能减排任务为,到"十二五"末,河南省单位生产总值能源消耗要比"十二五"初下降 16%。经过计算,2015 年的单位 GDP 能耗比 2010 年(0.93t 标准煤/万元)累计下降 23.12%,超额实现了国家下达的"十二五"节能目标。

表 4-6　河南省单位 GDP 能耗变化

年份	单位 GDP 能耗(t 标煤/万元)	人均能耗/(t 标煤/人)
2005	1.396	1.56
2006	1.344	1.73
2007	1.298	1.91
2008	1.232	2.01
2009	1.156	2.08
2010	1.115	2.02
2011	0.895	2.18
2012	0.831	2.22
2013	0.798	2.33
2014	0.766	2.43
2015	0.753	2.443

注:2005—2010 年的单位 GDP 能耗以 2005 年不变价计算;2011—2015 年的单位 GDP 能耗以 2010 年不变价计算。

从历年的单位 GDP 能耗来看（表 4-6），河南省单位能耗强度逐渐降低，由 2010 年的 1.115t 标煤/万元降低到 2014 年的 0.766t 标煤/万元，接近于全国平均水平。但是，对比其他先进省份，河南省的单位 GDP 能耗较高，另外在中部省份中河南省的单位 GDP 能耗仅低于山西省和湖北省，这说明河南省能源使用效率偏下，仍存在巨大的节能潜力。

河南省的人均能耗在全国的状况类似于全国的人均能耗在世界的状况，由于河南省是人口大省，与经济发达省份和全国平均水平相比，河南省人均能源消耗很低。2013 年，河南省的人均能耗只有全国水平的 76%，浙江的 69%，江苏的 63%，山东的 64%。而在中部省份中仅高于安徽省其他中部省份的 30%～70%。未来，随着全面小康社会的建设，河南省人均能耗会进一步增长。

表 4-7　2010—2014 年全国及相关省份历年万元 GDP 能耗

单位：t 标煤/万元

地区	2010 年	2011 年	2012 年	2013 年
全国	0.880	0.860	0.830	0.800
河南省	0.928	0.895	0.831	0.798
安徽省	0.785	0.746	0.707	0.649
湖北省	0.948	0.904	0.847	0.803
湖南省	0.926	0.879	0.808	0.761
江西省	0.672	0.643	0.597	0.570
山西省	1.827	1.748	1.633	1.555
浙江省	0.608	0.590	0.554	0.528
江苏省	0.622	0.600	0.570	0.526
山东省	0.889	0.855	0.816	0.676

表 4-8　2010—2014 年全国及相关省份历年人均能耗　单位：t 标煤/人

地区	2010	2011	2012	2013
全国	2.68	2.86	2.96	3.05
河南省	2.02	2.18	2.22	2.33
安徽省	1.42	1.54	1.65	1.69
湖北省	2.45	2.69	2.87	3.02

地区	2010	2011	2012	2013
湖南省	6.90	7.39	7.53	7.68
江西省	5.35	5.73	5.87	6.12
山西省	4.70	5.10	5.35	5.58
浙江省	3.10	3.26	3.30	3.39
江苏省	3.28	3.49	3.64	3.68
山东省	3.63	3.85	4.02	3.63

4.1.2.2　分部门能源消费情况

如图 4-6 所示,从工业、建筑业、商业、交通运输、居民生活和农林牧渔各部门的能源消费构成来看,可以看出:由于河南省经济发展主要依靠工业,所以工业的能源消费量占比全社会能源消耗达到 70% 以上,是能源消耗的大头。但是由于近几年国家和河南省大力实施节能减排项目和 CDM 项目等,引入节能专项资金,以及节能考核等工作,使得工业能源消耗相对于 2010 年有所下降。但与发达地区相比,依然差距很大。而作为农业大省,河南省农业能源消费总量变化不明显,从数据来看,2005 年以来农业部门的能源消费量增加了 204.64 万 t 标煤。经济的发展和城镇化进程的加快使得居民生活水平持续提高,交通运输部门、商业和居民生活部门的能源消费明显上升。尤其是交通运输部门,随着汽车消费的飞速上涨,能源消耗持续上升。2015 年河南省民用车辆拥有量已经由 2006 年的 780 万辆上升到 2180 万辆,上升了 3 倍。交通运输能源消耗已经由 2005 年的 649.91 万 t 标煤上升到 2015 年的 1602.82 万 t 标煤,上升了 2.5 倍。并且,随着城镇化率和居民生活水平的持续提高,交通运输、商业和居民生活的能源消耗将持续迅速上涨。建筑业能源消费占比最小,平均只占到总能源消费量的 0.64%,因此,从能源消耗考虑碳排放时可暂不考虑建筑业。

4.1.2.3　各地市能源消费情况

从河南省各地市单位 GDP 能源消耗来分析,18 个地市与经济发展差异类似,差异较大。从图 4-7 中可以看出,济源的单位 GDP 能耗和单位工业增加值能耗最高,而周口最低。本文根据产业结构及能源消费情况将河

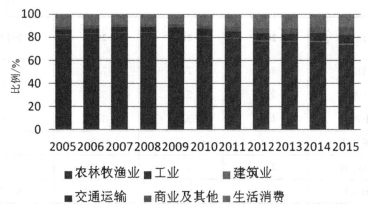

图 4-6 2005—2015 年河南省分部门的能源消费构成

南省 18 个地市大约分为综合型、工业型和农业型城市三类。例如,郑州属于第一类综合型城市;济源属于第二类工业型城市;周口属于第三类农业型城市。第一类省辖市的工业产品单位附加值相对较高,单位产品能耗较低,产业结构相对优化;第二类省辖市以重工业为主,如钢铁、有色等,能耗强度大;第三类省辖市以农业为主,工业在其产业结构所占比重不大,单位 GDP 能耗处于较低的水平。

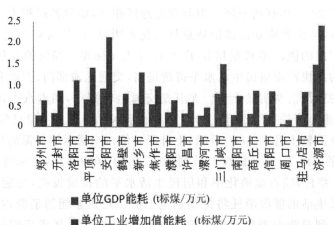

图 4-7 2015 年河南省各地市单位 GDP 能耗和单位工业增加值能耗

分析 2015 年各地市的能源消耗总量占比情况,如图 4-8 所示,郑州市、安阳市、洛阳市、新乡市、平顶山市、焦作市、鹤壁市和许昌市属于能源消耗较大的城市,分别占全省能源消费总量的 13.14%、11.42%、10.68%、7.32%、7.25%、6.91%、6.57% 和 5.33%,能源消耗在全省的占比均大于 5%。

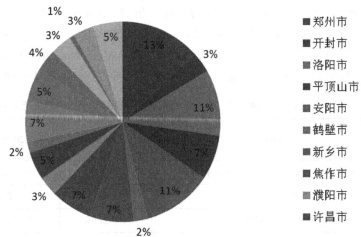

图 4-8　2015 年河南省各地市能耗比重

4.1.3　碳排放现状

4.1.3.1　温室气体清单碳排放分析

《河南省统计年鉴》还未录入 CO_2 总排放量、CO_2 总排放量年增长率、单位 GDP 二氧化碳排放(简称碳强度)等碳排放相关指标,本文根据河南省温室气体清单报告及河南省碳强度下降指标核算表进行河南省碳排放现状分析。

河南省温室气体清单报告中,温室气体清单包含能源活动、工业生产过程、农业、土地利用变化和林业以及废弃物处理五个领域,其中能源活动、工业生产过程、农业以及废弃物处理均为碳排放,土地利用变化和林业为净碳汇[51]。温室气体包括二氧化碳、甲烷、氧化亚氮、氢氟化合物、全氟化碳、六氟化硫,本文只分析二氧化碳。河南省碳强度下降指标核算表中,二氧化碳排放包含化石能源和电力调入调出产生的二氧化碳。

1.河南省二氧化碳排放概况

根据《2005 年河南省温室气体清单总报告》《2010 年河南省温室气体清单总报告》和《河南省"十二五"碳强度下降指标核算表》,2005 年河南省二氧化碳排放总量为 38918.23 万 t,其中能源活动 35730.35 万 t,占比 91.81%;工业生产过程 3182.95 万 t,占比 8.18%;废弃物处理 4.93 万 t,占比 0.01%;土地利用变化和林业－999.82万 t,总净排放量为 37918.41 万 t[52]。2010 年河南省二氧化碳排放总量为 53485.06 万 t,其中能源活动 48977.57 万 t,占比 91.57%;工业生产过程 4502.27 万 t,占比 8.42%;废弃物处理 5.22 万 t,占比 0.01%;土地利用变化和林业−1729.58 万 t,总净排放量为 51755.48 万 t[53]。2013 年、2014 年、2015 年河南省二氧化碳排放量分别为 53792.83、55548.86、56536.65 万 tCO_2,其中化石能源碳排放分别为 53781、54575.09、54787.2 万 t,约占总量的 97%,三年碳强度分别为 1.73、1.64、1.55 tCO_2/万元[54],具体详见表 4-9、表 4-10、图 4-9、图 4-10。

表 4-9　2005 年、2010 年河南省二氧化碳排放表　单位:万 tCO_2 当量

年份	2005	2010
二氧化碳排放(包括土地利用变化和林业)	37918.41	51755.48
能源活动	35730.35	48977.57
工业生产过程	3182.95	4502.27
农业活动	0.00	0.00
废弃物处理	4.93	5.22
土地利用变化与林业	−999.82	−1729.58
二氧化碳排放(不包括土地利用变化和林业)	38918.23	53485.06

表 4-10　河南省 2014 年、2015 年碳强度下降表　单位:万 tCO_2 当量

年份	2013	2014	2015
强度/(t/万元)	1.73	1.64	1.55
GDP(不变价)/亿元	31010.75	33770.70	36573.67
二氧化碳排放总量	53792.83	55548.86	56536.65
化石能源碳排放	53781.00	54575.09	54787.2
电力调入调出碳排放	11.84	973.77	1749.45
碳强度比上年上升/%		−5.17	−6.02

8.18%　0.01%

■能源活动 35730.35 万 t

■工业生产过程 3182.95 万 t

91.81%

图 4-9　2005 年河南省二氧化碳排放情况图

8.42%　0.01%

■ 能源活动48977.57万t

■ 工业生产过程
4502.27万t
■ 废弃物处理5.22万t

91.57%

图 4-10　2010 年河南省二氧化碳排放情况图

2.河南省二氧化碳排放分析

(1)总体排放变化分析。从排放总量看,2010 年河南省的二氧化碳排放总量比 2005 年增长了 37.43%,年均增长 5.48%;2014 年比 2013 年增长了 3.26%,2015 年比 2014 年增长了 1.78%,年均增长量持续下降。以单位 GDP 计算,2005 年时的碳强度为 3.68tCO$_2$ 当量/万元,2010 年为 2.32tCO$_2$ 当量/万元,与 2005 年相比下降了 36.96%,略大于同期河南省的单位 GDP 能耗下降率(20%),2014 年比 2013 年碳强度降低了 5.17%, 2015 年比 2014 年碳强度降低了 6.02%,如图 4-11 所示。

(2)化石燃料燃烧排放变化分析。由图 4-9 和图 4-10 可以看出,河南省二氧化碳排放中能源活动占比达到 91% 以上,因此,分析能源活动二氧化碳排放清单,如表 4-11 所示。

就化石燃料燃烧来看,2010 年化石燃料燃烧排放较 2005 年增长了 37.14%,年均增长了 6.51%。以单位 GDP 计算,2010 年化石燃料燃烧的单位 GDP 排放为 2.12tCO$_2$ 当量/万元,较 2005 年(3.37tCO$_2$ 当量/万元)下降了 37.09%。以人均计算,2010 年时化石燃料燃烧的人均排放为 4.69tCO$_2$ 当量/人,较 2005 年(3.65tCO$_2$ 当量/人)增长了 28.49%。

分部门来看,和 2005 年相比,2010 年能源工业增长为 50.12%,工业和建筑业增长 33.92%,交通运输增长 40.49%,服务业增长 110.13%,农业排放增幅较小,为 5.59%,而居民生活排放则下降 22.87%。总体而言,除居民生活外的各部门的排放增长与 2005—2010 年期间河南省的社会经济发展和能源消费增长趋势是基本吻合的。而居民生活排放的下降则是由于 2005—2010 年居民生活排放能源消费结构优化导致的:根据《河南省统计年鉴 2011》中的人均生活能源消费数据,2010 年河南省的人均煤炭生活消费量由 2005 年的 112.90kg 下降到了 78.96kg,而人均用电量则出现了大幅增长,由 2005 年的 128.91kW・h 增长到了 272.78kW・h,增幅达 111.60%。

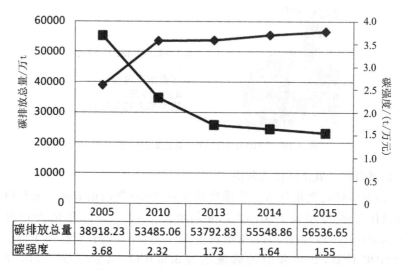

	2005	2010	2013	2014	2015
碳排放总量	38918.23	53485.06	53792.83	55548.86	56536.65
碳强度	3.68	2.32	1.73	1.64	1.55

图 4-11　清单数据碳排放总量和碳强度分析

表 4-11　河南省 2005 年、2010 年能源活动二氧化碳排放清单

项目	2005 年 CO_2 排放量/万 t	2010 年 CO_2 排放量/万 t	总变化率/%	年均变化率/%
能源活动总计	35730.36	48977.58	37.08	6.51
1.化石燃料燃烧	35693.91	48952.20	37.14	6.52
能源工业	15630.21	23464.39	50.12	8.46
电力生产	13046.19	18995.70	45.60	7.80
油气开采	257	223.94	−12.86	−2.72
固体燃料	2327.01	4244.76	82.41	12.77
农业	319.52	337.38	5.59	1.09
工业和建筑业	15488.02	20741.94	33.92	6.02
钢铁	2295.18	5547.98	141.72	19.31
有色	1474.43	5441.74	269.07	29.84
化工	3117.45	3038.76	−2.52	−0.51
建材	5044.74	2359.10	−53.24	−14.10
其他	3479.96	4262.69	22.49	4.14
建筑业	76.26	91.67	20.21	3.75
交通运输	1607.18	2257.95	40.49	7.04

项目	2005 年 CO_2 排放量/万 t	2010 年 CO_2 排放量/万 t	总变化率/%	年均变化率/%
服务业	80.67	169.51	110.13	16.01
居民生活	2568.31	1981.02	−22.87	−5.06
2.生物质燃烧(以能源利用为目的)				
3.煤炭开采逃逸				
4.油气系统逃逸				
5.非能源利用	36.44	25.38	−30.35	−6.98
国际燃料舱	1.34	0.46	−65.67	−19.25
国际航空	1.34	0.46	−65.67	−19.25
国际航海				

4.1.3.2　能源消耗碳排放分析

根据已有的河南省碳排放量数据,只能对 2005 年、2010 年、2013 年、2014 年、2015 年碳排放量做大致判断,还不能够分析河南省历史碳排放量发展趋势。因此,本书根据《国家发展改革委办公厅关于开展 2014 年度单位国内生产总值二氧化碳排放降低目标责任考核评估的通知》(发改办气候〔2015〕958 号)、《国家发展改革委办公厅关于开展"十二五"单位国内生产总值二氧化碳排放降低目标责任考核评估的通知》(发改办气候〔2016〕1238 号),国家文件中碳排放量计算方法及河南统计年鉴中可以用到的原始数据对河南省碳排放历年数据进行计算后再分析。

1.计算方法

二氧化碳排放量 = 燃煤排放量 + 燃油排放量 + 燃气排放量 + $\sum_{j=1}^{n}$ 从第 j 个省级电网调入电力所蕴含的二氧化碳排放量 − 本地区电力调出所蕴含的二氧化碳排放量[55]。

其中:

燃煤排放量 = 当年煤炭消费量×燃煤综合排放因子

燃油排放量 = 当年油品消费量×燃油综合排放因子

燃气消费量 = 当年天然气消费量×燃气综合排放因子

从第 j 个省级电网调入电力所蕴含的二氧化碳排放量 = 当年本地区从

第 j 个省级电网调入电量×第 j 个省级电网供电平均 CO_2 排放因子。

本地区电力调出所蕴含的二氧化碳排放量＝本地区调出电量×本地区省级电网供电平均 CO_2 排放因子。

说明:单位化石燃料燃烧产生的二氧化碳排放理论上随着燃料质量、燃烧技术以及控制技术等因素的变化每年应该有所差异,考虑到年度获取的滞后性以及可比性,核算各省二氧化碳排放的排放因子数据采用 2005 年国家温室气体清单的初步数据,见表 4-12。调入或调出电量数据从省能源平衡表或电力平衡表获得,对于调入电量,明确本地区外购电力所属省级电网并采用相应的省级电网平均二氧化碳排放因子;对于调出电量,采用本省的省级电网平均二氧化碳排放因子。根据《省级电网平均二氧化碳排放因子》,河南省电网排放因子取 0.8063 kgCO₂/(kW·h)。本文核算电力二氧化碳排放量时,直接采用河南省统计年鉴中能源消耗总量及构成表中的水电数据进行计算。

表 4-12　化石燃料燃烧过程中 CO_2 排放因子

燃料	单位	数值
煤炭	tCO₂/t 标煤	2.64
石油	tCO₂/t 标煤	2.08
天然气	tCO₂/t 标煤	1.63

2.数据

根据《河南省统计年鉴 2015》数据,河南省能源消耗总量及构成见表 4-13,基于以上计算方法和计算因子计算河南省历史碳排放量数据,结果见表 4-14。

表 4-13　河南省能源消耗总量及构成

年份	能源消耗总量 /万 t 标煤	占能源消耗总量的比重/%			
		煤炭	石油	天然气	水电
2000	7919	87.6	9.6	1.7	1.1
2001	8367	87.0	9.5	1.9	1.6
2002	9005	86.6	9.3	2.0	2.1
2003	10595	86.7	9.4	1.9	2.0
2004	13074	86.6	9.2	2.0	2.2

续表

年份	能源消耗总量 /万 t 标煤	占能源消耗总量的比重/%			
		煤炭	石油	天然气	水电
2005	14625	87.2	8.7	2.2	1.9
2006	16234	87.4	8.0	2.5	2.1
2007	17838	87.7	7.9	2.5	1.9
2008	18976	87.2	8.0	2.6	2.2
2009	19751	87.0	7.9	2.8	2.3
2010	21438	84.3	9.0	3.0	3.7
2011	23061	83.5	9.8	3.3	3.4
2012	23647	80.2	10.3	4.2	5.3
2013	21909	77.1	12.9	4.8	5.2
2014	22890	77.7	12.6	4.5	5.3
2015	23161	76.5	13.1	4.5	5.9

表 4-14　2000—2014 年河南省碳排放量

年份	万 tCO$_2$					GDP /亿元	碳强度 /(t/万元)
	煤炭消费 碳排放量	石油消费 碳排放量	天然气消费 碳排放量	水电消费 碳排放量	总碳 排放量		
2000	18313.8	1581.266	219.4355	70.23599	20184.73	5052.99	3.994612
2001	19217.33	1653.319	259.126	107.941	21237.71	5533.01	3.838365
2002	20587.59	1741.927	293.563	152.4754	22775.56	6035.48	3.773612
2003	24250.68	2071.534	328.1272	170.855	26821.2	6867.70	3.905412
2004	29890.3	2501.841	426.2124	231.9145	33050.27	8553.79	3.863816
2005	33667.92	2646.54	524.4525	224.0506	37062.96	10587.42	3.500661
2006	37457.68	2701.338	661.5355	274.879	41095.43	12362.79	3.324123
2007	41299.48	2931.106	726.8899	273.2696	45230.74	15012.46	3.01288
2008	43685.1	3157.666	804.2181	336.6141	47983.6	18018.53	2.663015
2009	45364.65	3245.524	901.4466	366.2848	49877.9	19480.46	2.560407

续表

年份	万 tCO$_2$					GDP /亿元	碳强度 /(t/万元)
	煤炭消费碳排放量	石油消费碳排放量	天然气消费碳排放量	水电消费碳排放量	总碳排放量		
2010	47710.16	4013.148	1048.306	639.5548	53411.17	23092.36	2.312937
2011	50835.67	4700.754	1240.451	632.1989	57409.07	26931.03	2.131707
2012	50067.7	5066.172	1618.886	1010.536	57763.3	29599.31	1.951508
2013	44588.85	5882.502	1728.079	918.5955	53118.03	32191.30	1.650074
2014	46953.65	5976.471	1665.998	978.1758	55574.29	34938.24	1.590644
2015	46775.96	6310.909	1698.859	1101.808	55887.53	37002.16	1.510385

3. 结果分析

由表 4-14 可以看出,2015 年,河南省总碳排放量达到 55887.53 万 tCO$_2$,其中,煤炭消费产生 CO$_2$ 达 46775.96 万 t,当年碳排放强度为 1.51t/万元。对比河南省温室气体清单报告和河南省 2014 年、2015 年碳强度下降指标核算表中 2005 年、2010 年、2013 年、2014 年、2015 年碳排放总量,由于计算方法、数据来源不同,两种结果存在差异,但数据差异不大,在差异允许范围内。如表 4-15 所示。

表 4-15　碳排放量结果差异对比

年份	清单结果	计算结果	差异/%
2005	38918.23	37062.96	5.01
2010	53485.06	53411.17	0.14
2013	53792.83	53118.03	1.27
2014	55548.86	55574.29	0.05
2015	56536.65	55887.53	1.16

根据历年结果总体分析,在四种能源消耗产生的碳排放量中,煤炭消费产生的碳排放量占总碳排放量的占比达到年均 89%,且占比在 2009 年后呈现持续下降的趋势,2000—2009 年均保持 90%～91% 的占比基本不变,2009 年以后持续下降,到 2014 年下降到 84%。说明在河南省能源消费结构中煤炭占绝对比重,2009 年以后的占比下降是河南省节能减排、提升非化石能源比重的结果。2009 年之前,煤炭消费碳排放量、总碳排放量与河南省 GDP 保持几乎平行的趋势增长,说明经济增长与能源消费的依赖关

系。2009 年以后河南省 GDP 保持持续上扬趋势,但煤炭消费碳排放量、总碳排放量逐渐平稳,甚至下降,反映到碳强度指标上,表现为平稳下降趋势,由 2000 年的 3.995t/万元下降到 2015 年的 1.51t/万元,说明河南省持续优化产业结构,突出重点领域节能减排等工作成效明显。

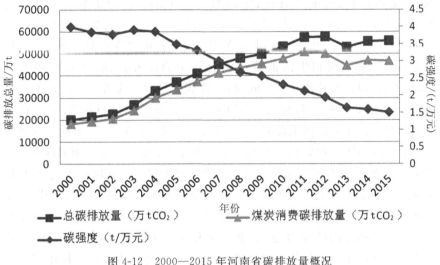

图 4-12　2000—2015 年河南省碳排放量概况

4.2　河南省碳排放峰值模型构建及分析

4.2.1　系统分析

本文研究的目的是预测河南省的碳排放峰值大小和出现时间。从三产考虑,根据国家统计局《三次产业划分规定》和《国民经济行业分类》(GB/T 4754—2011),第一产业是指农、林、牧、渔业(不含农、林、牧、渔服务业)。第二产业是指采矿业(不含开采辅助活动),制造业(不含金属制品、机械和设备修理业),电力、热力、燃气及水生产和供应业、建筑业。第三产业即服务业,是指除第一产业、第二产业以外的其他行业,包括:批发和零售业,交通运输、仓储和邮政业,住宿和餐饮业,信息传输、软件和信息技术服务业,金融业,房地产业,租赁和商务服务业,科学研究和技术服务业,水利、环境和公共设施管理业,居民服务、修理和其他服务业,教育,卫生和社会工作,文化、体育和娱乐业,公共管理、社会保障和社会组织,国际组织,以及农、林、牧、渔业中的农、林、牧、渔服务业,采矿业中的开采辅助活动,制造业中的金属制品、机械和设备修理业[56]。其中，工业是指采矿业（不含开采辅助活动），制造业（不含金属制品、机械和设备修理业），电力、热力、燃气及水生产和供应业，即除建筑业以外的第二产业内容[57]。

从能源消费角度考虑，河南省分部门能源消费中，农林牧渔业、工业、建筑业、交通运输、商业及其他、生活消费6个部门能源消费占比分别为2.79％、77.06％、0.64％、5.35％、3.71％、10.45％。农林牧渔业和建筑业占比只有3％左右，相对很小，本文在构建河南省碳排放模型时暂不考虑此部分；商业及其他和生活消费可以合并为商用和民用，占比可以达到14.16％，可以进行建模计算。同时，考虑到碳排放的来源和三次产业对碳排放量的贡献率的差别，和基于《IPCC国家温室气体清单指南》确定的排放源和吸收汇主要包括能源活动、工业生产过程、农业活动、土地利用变化和林业及城市废弃物处理五大领域及上文清单数据中对五大领域碳排放数据结果来看，本文将研究对象确定为工业、商用和民用（居民生活、公共机构和除交通运输外的第三产业）、交通运输及农业和土林四个领域。其中，在工业中碳排放量重点耗能行业所产生的碳排放量约占全社会碳排放量的70％。商业和民用（居民生活、公共机构和除交通运输外的第三产业）碳排放主要指居民生活和公共机构的碳排放，主要来源于生活服务用电、气、煤等，其碳排放量约占全社会碳排放量的20％。其中，考虑到居民生活和公共机构用电来源于工业火力发电，其引起的能源消耗在工业中已经计算过，此处为避免重复计算，根据河南省电力调入调出数据估算出河南省每年约有10％的电力来源于外省电力调入，因此，居民生活和公共机构用电引起的二氧化碳排放按照用电量的10％计算。在第三产业中，交通运输业的碳排放约占交通运输和服务业碳排放量的90％，且除交通运输外的第三产业碳排放已经放入商业和民用碳排放领域计算，所以本文以交通运输业代表第三产业的碳排放情况。农业和土林领域作为碳汇，主要考虑林业碳汇量，并在后文中详细解释不考虑农业碳汇的原因。如图4-13所示，为河南省碳排放系统结构图。

模型中考虑的工业、商用和民用、交通运输、农业和土林四个领域的总碳排放量大约占到了全社会碳排放量的95％，基本能够覆盖全社会三次产业碳排放，所以其用于估算预测河南省碳排放峰值基本是合理可行的。本文通过系统动力学Vensim软件构建河南省碳排放峰值的预测模型，将河南省碳排放峰值的系统动力学模型分为四部分分别建立模型，依次为河南省工业碳排放子系统、河南省商用和民用碳排放子系统、河南省交通运输碳排放子系统、河南省农业和土林碳排放子系统。

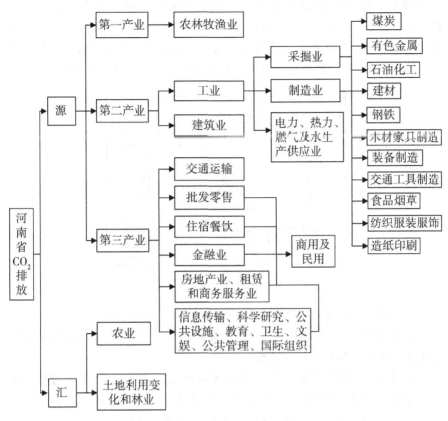

图 4-13　河南省碳排放系统结构图

4.2.2　模型构建

本文工业、商用和民用、交通运输碳排放子系统模型模拟的时间设置为 2005—2030 年,时间间隔为 2 年。农业和土林碳排放子系统中,根据《国家森林资源连续清查技术规定》(国家林业局,2014),国家森林资源连续清查以省为单位,原则上每五年复查一次[58]。因此,由于林业数据统计每 5 年一次,所以农业和土林碳排放子系统模型模拟的时间设置为 2003—2033 年,时间间隔为 5 年。

4.2.2.1　工业碳排放子系统

二氧化碳的排放有很大一部分是来源于化石燃料的燃烧,基于此,本文主要考虑工业能源消费量和单位能源碳排放量来构建工业碳排放子系统。工业活动中,通过能源结构优化和技术进步可以提高能源利用效率,从而降低能源强度,而能源强度与二氧化碳强度之间又有直接关系。因此,本文工业碳排放子系统模型主要由四个二级子系统构成,即工业碳排放经济子系统、工业碳排放能源子系统、工业碳排放环境子系统、工业碳排放人口子系统。如图 4-14 所示,为工业碳排放子系统框架图。

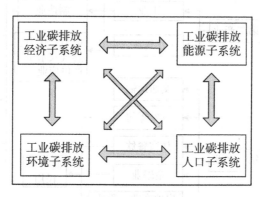

图 4-14　工业碳排放子系统框架图

1.问题识别及系统边界

问题识别:研究的对象是河南省工业碳排放子系统,根据河南省工业发展水平及低碳影响因素进行建模。

系统边界:四个二级子系统,即工业碳排放经济子系统、工业碳排放能源子系统、工业碳排放环境子系统和工业碳排放人口子系统。对系统行为产生影响的变量纳入系统边界内,无影响的变量不纳入。

对研究河南省工业碳排放子系统所建立模型设定假设如下:

(1)环境二级子系统中以碳排放作为评价指标,不考虑大气污染、尘埃、固废等其他污染物。

(2)工业碳排放仅包括由工业引起的化石能源消费产生的 CO_2,不包括工业生产过程中产生的 CO_2。

(3)模型采用的总人口数据 2005—2015 年为年鉴数据,后 15 年采用相关研究文献结果数据。

(4)单位能源二氧化碳排放量变化仅受技术进步和能源结构影响。

2.因果关系图

工业碳排放子系统因果关系图见图 4-15,图中几个主要回路为:

(1)工业增加值→+生活水平→+人口→+劳动力→+工业增加值。

(2)工业增加值→+科技投入→+生产技术→+工业增加值。

(3)工业增加值→+化石能源消耗→+碳排放水平→+减排成本→—工业增加值。

（4）经济政策→＋贸易方式→＋化石能源消耗→＋碳排放水平→－环境质量→＋经济政策。

（5）经济政策→＋产业结构→－化石能源消耗→＋碳排放水平→－环境质量→＋经济政策。

（6）经济政策→＋科技投入→＋生产技术→＋工业增加值→＋化石能源消耗→＋碳排放水平→－环境质量→＋经济政策。

（7）经济政策→＋科技投入→＋新能源开发→＋化石能源消耗→＋化石能源总量→＋经济政策。

（8）碳排放水平→＋减排成本→－工业增加值→＋科技投入→＋环保投入→＋碳汇→－碳排放水平。

（9）碳排放水平→－环境质量→＋经济政策→＋科技投入→＋环保投入→＋碳汇→－碳排放水平。

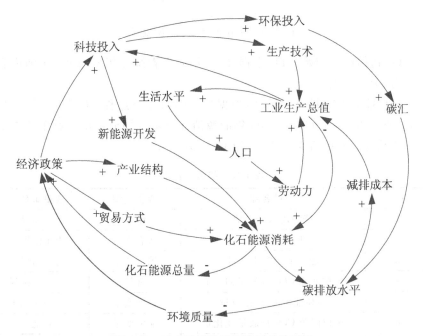

图 4-15　工业碳排放子系统因果关系图

3.系统动力学流图

根据系统边界,本简化模型并未完全考虑所有现实因素。

4.模型变量及方程

（1）变量。工业碳排放子系统模型中包含时间变量共 30 个变量,其中状态变量 8 个,速率变量 2 个,辅助变量 16 个,常量 4 个,整理如表 4-16 所示。

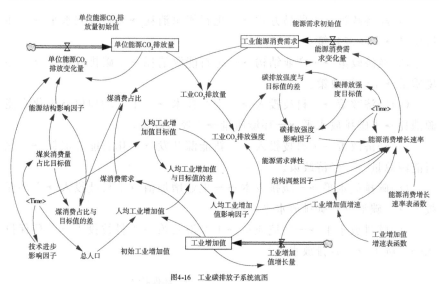

图4-16 工业碳排放子系统流图

图 4-16 工业碳排放子系统流图

(2)初始值。初始人口:根据 2015 年河南省统计年鉴,2005 年河南省人口为 9768 万人。

单位能源 CO_2 排放初始值:根据化石燃料燃烧过程 CO_2 排放因子(煤 2.64,油 2.08,气 1.63)和 2005 年能源消耗总量及构成比例计算单位能源二氧化碳排放初始值为 2.567 万 t CO_2/万 t 标煤。

表 4-16 模型变量表

序号	变量名称	变量类型	变量单位
1	能源需求初始值	常量	万 t 标煤
2	工业能源消费需求	状态变量	万 t 标煤
3	能源消费需求变量	辅助变量	万 t 标煤
4	单位能源 CO_2 排放量初始值	常量	万 t/万 t 标煤
5	单位能源 CO_2 排放量	辅助变量	万 t/万 t 标煤
6	单位能源 CO_2 排放量变化量	辅助变量	万 t/亿元
7	碳排放强度目标值	辅助变量	万 t/亿元
8	工业 CO_2 排放量	状态变量	万 t
9	碳排放强度与目标值的差	状态变量	万 t/亿元
10	能源结构影响因子	辅助变量	Dmnl
11	煤消费需求	状态变量	万 t 标煤
12	煤消费占比	状态变量	Dmnl
13	煤消费占比目标值	辅助变量	Dmnl

序号	变量名称	变量类型	变量单位
14	煤消费占比与目标值的差	状态变量	Dmnl
15	技术进步影响因子	辅助变量	Dmnl
16	能源消费增长速率	速率变量	Dmnl
17	碳排放强度影响因子	辅助变量	Dmnl
18	工业碳排放强度	状态变量	万 t/亿元
19	人均工业增加值影响因子	辅助变量	Dmnl
20	人均工业增加值	辅助变量	Dmnl
21	能源消费弹性	常量	Dmnl
22	结构调整因子	辅助变量	Dmnl
23	工业增加值增速	辅助变量	Dmnl
24	工业增加值增长量	速率变量	亿元/a
25	初始工业增加值	常量	亿元
26	工业增加值	辅助变量	亿元
27	总人口	辅助变量	万人
28	人均工业增加值目标值	辅助变量	亿元/万人
29	人均工业增加值与目标值的差	辅助变量	亿元/万人
30	Time	辅助变量	a

初始工业增加值:根据《2005 年河南省国民经济和社会发展统计公报》,2005 年河南省工业增加值为 4923 亿元。

能源需求初始值:根据《2007 年河南省统计年鉴》能源平衡表中,2005 年工业综合能源消费量为 16769.71 万 t 标煤。

能源需求弹性:根据 2005—2015 年河南省统计年鉴中的能源消费弹性系数取算术平均值,为 0.575。

(3)方程。

河南省总人口=WITHLOOKUP(Time,

(([(2004,9900)-(2036,11600)],(2005,9967.41),(2006,10029.2),(2007,10157.5),(2008,10390.4),(2009,10482.4),(2010,10589.1),(2011,10625),(2012,10661.7),(2013,10700.5),(2014,10744.3),(2015,10805.2),(2016,11057.8),(2016.82,11164.5),(2017.9,11191.7),(2018.58,11178.1),(2019.17,11069.3),(2019.17,11096.5),(2020.05,11096.5),(2020.93,11082.9),(2022,11069.3),(2023.18,11055.7),

（2024.16,11082.9），（2025.04,11082.9），（2025.92,11082.9），（2027,
11096.5），（2028.17,11123.7），（2028.86,11096.5），（2029.35,11096.5），
（2029.44,10854.1），（2031,11382），（2032.18,11450），（2033,11726），
（2034,11435），（2035,11251）））,Units:万人。表函数根据年鉴中 2005—
2014 年人口数和参考郭敬、黄陈刘的《河南省人口老龄化预测》数据
得到[59]。

技术进步影响因子＝WITHLOOKUP(Time,

（（[（2004,0.89）－（2036,1）]，（2004.1,0.993728），（2004.88,
0.993728），（2005.66,0.993246），（2006.54,0.994211），（2007.33,
0.993728），（2008.21,0.994211），（2009.09,0.992763），（2010.07,
0.993728），（2010.56,0.992281），（2010.75,0.992281），（2011.44,
0.992281），（2012.12,0.992281），（2012.51,0.990833），（2012.61,
0.991316），（2013.49,0.991798），（2014.96,0.989386），（2015.45,
0.987939），（2016.13,0.987939），（2016.43,0.987456），（2017.11,
0.986491），（2017.99,0.985044），（2018.58,0.984079），（2018.97,
0.982632），（2019.76,0.982149），（2020.83,0.979737），（2021.91,
0.977807），（2022.79,0.974912），（2023.77,0.974912），（2024.45,
0.972982），（2025.53,0.970088），（2026.7,0.970088），（2027.78,
0.967675），（2028.86,0.963816），（2029.64,0.963333），（2030.62,
0.960921），（2031.6,0.960921），（2032.87,0.957061），（2033.85,
0.956579），（2034.73,0.954649），（2035.8,0.952719）））,Units:Dmnl

结构调整因子＝0.9，单位:Dmnl

煤消费占比目标值＝0.872×（1－0.016）（Time－2005），单位:Dmnl.
为应对气候变化规划，2016 年国家陆续印发了《"十三五"控制温室气体排
放工作方案》《煤层气（煤矿瓦斯）开发利用"十三五"规划》《"十三五"生态环
境保护规划》等，河南省也印发了《河南省"十三五"能源发展规划》《河南省
"十三五"节能减排低碳发展规划》等，根据《河南省"十三五"能源发展规
划》，2020 年河南省煤炭消费总量控制在 2.62 亿 t 原煤，煤炭消费比重由
2015 年的 76％下降到 2020 年的 70％[60-63]。2005 年河南省煤消费占比是
87.2％，因此，本文以年均下降 1.6％为未来煤炭消费目标。

煤消费需求＝0.568×工业增加值＋16592.159，单位:万 t 标煤。对河
南省工业煤炭消耗量与工业增加值做回归方程，显示河南省工业煤炭消耗
量与工业增加值在 $\alpha＝0.01$ 水平上显著相关，相关性系数达到 0.823,Sig.
小于 0.05，因此，解释变量与被解释变量的线性关系显著，可建立线性
模型。

表 4-17　煤消费需求与工业增加值相关性分析结果表 1

相关性分析		Y 工业煤炭消耗量	X 工业 GDP
Y 工业煤炭消耗量	Pearson 相关性	1	0.823**
	显著性（双侧）		0.002
	N	10	10
X 工业 GDP	Pearson 相关性	0.823**	1
	显著性（双侧）	0.002	
	N	10	10

＊＊：在 0.01 水平（双侧）上显著相关。

表 4-18　煤消费需求与工业增加值相关性分析结果表 2

Anova[a]					
模型	平方和	df	均方	F	Sig.
回归	50577785.280	1	50577785.280	16.762	0.003[b]
残差	24139726.760	8	3017465.845		
总计	74717512.040	9			

a. 因变量：Y 工业煤炭消耗量；b. 预测变量：（常量），X 工业增加值。

能源结构影响因子＝IF THEN ELSE（煤炭消费占比与目标值的差/煤消费占比目标值≥0,0.986,1.012），单位：Dmnl。若煤炭消费占比与目标值的差/煤消费占比目标值大于等于零，说明能源结构调整效果不佳，煤炭消费没有达到预期目标，则能源结构影响因子为 0.986,反之，则为 1.012。

人均工业增加值目标值＝0.504×(1＋0.13)(Time－2005)，单位：Dmnl。根据 2005—2015 年人均工业 GDP 增长速率，取算术平均可以设定未来人均工业增加值增长速率。

碳排放强度目标值年均下降 3%。根据国家主席习近平发表的关于气候变化的联合声明承诺，中国到 2030 年单位国内生产总值二氧化碳排放将比 2005 年下降 60%～65%,即年均下降 2.6%。国家发布了《"十三五"控制温室气体排放工作方案》，设定到 2020 年,单位国内生产总值二氧化碳排放比 2015 年下降 18%,碳排放总量得到有效控制,年均下降 3.6%。综上,本文将在后续情景分析中,查看目标约束的效果,设定河南省工业碳排放强度目标为年均下降 4%。本部分考虑现实情景,暂设定河南省工业碳排放强度目标为年均下降 3%。

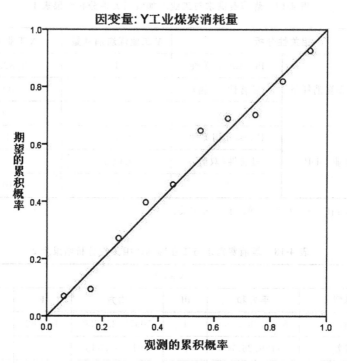

图 4-17　煤消费需求与工业增加值回归 P-P 图

表 4-19　人均工业 GDP 增长速率表

年份 \ 指标	人口 /万人	工业 GDP /亿元	人均工业 GDP /(亿元/万人)	增长率 /%
2005	9768	4923	0.503993	0.226646864
2006	9820	6070.93	0.618221	0.226646864
2007	9869	7508.27	0.760793	0.23061724
2008	9918	9546.08	0.962501	0.265127316
2009	9967	9858.4	0.989104	0.027640026
2010	10437	11950.82	1.145044	0.15765738
2011	10489	14401.7	1.373029	0.199106212
2012	10543	15357.36	1.45664	0.060895687
2013	10601	15960.6	1.505575	0.033594098
2014	10662	15904.28	1.491679	−0.009229754
2015	10722	16100.92	1.501671	0.006698808
平均值	—	11598.39636	1.118932	0.129581886

单位能源 CO_2 排放量(万 tCO_2/万 t 标煤)＝INTEG(—单位能源 CO_2 排放量变化量,单位能源 CO_2 排放量初始值)。

单位能源 CO_2 排放量变化量(万 t)＝单位能源 CO_2 排放量×[1—SQRT(技术进步影响因子×能源结构影响因子)]。

工业 CO_2 排放量(万 t)＝单位能源 CO_2 排放量×工业能源消费需求。

工业增加值(亿元)＝INTEG(工业增加值增长量,初始工业 GDP)。

工业能源消费需求(万 t 标煤)＝INTEG(能源消费需求变量,能源需求初始值)。

能源消费需求变化量(万 t 标煤)＝工业能源消费需求×能源消费增长速率。

能源消费增长速率(Dmnl)＝工业增加值增速×(1—SQRT((SQRT(结构调整因子×能源需求弹性×人均工业增加值影响因子×碳排放强度影响因子))))×能源消费增长速率表函数(Time)。

能源消费增长速率表函数(

[(2005,—2)—(2030,3)],(2005,0.675439),(2005.99,0.434211),(2006.99,0.587719),(2007.91,0.982456),(2009.89,—0.201754),(2010.5,—0.486842),(2011.04,—0.70614),(2011.73,—1.01316),(2012.87,0.5),(2012.95,0.47807),(2013.87,0.149123),(2014.94,0.916667),(2015.78,1.17982),(2017.39,2.58333),(2018.61,2.45175),(2021.51,1.15789),(2029.85,0.916667)),单位:Dmnl。

人均工业增加值(亿元/万人)＝工业增加值/总人口。

人均工业增加值影响因子(Dmnl)＝IF THEN ELSE(人均工业增加值与目标值的差/人均工业增加值目标值≥0,0.5,0.1)。

工业增加值增长量(亿元)＝工业增加值×工业增加值增长速度。

工业增加值增长速度(Dmnl)＝工业增加值增速表函数(Time)。

工业增加值增速表函数(

[(2005,—0.001)—(2030,0.3)],(2005.08,0.259075),(2005.76,0.263035),(2006.38,0.165342),(2007.22,0.142899),(2008.29,0.199667),(2009.36,0.235311),(2010.05,0.127057),(2010.73,0.0491667),(2011.88,0.0201228),(2013.33,0.00296053),(2015.09,0.0280439),(2016.85,0.0333246),(2018.61,0.0267237),(2019.98,0.0227632),(2021.59,0.0240833),(2022.58,0.0227632),(2023.35,0.0240833),(2024.11,0.0267237),(2025.03,0.0240833),(2026.18,0.0254035),(2027.32,0.0254035),(2028.55,0.0227632),(2029.92,0.0280439)),Units:Dmnl

工业碳排放强度(万 t/亿元)=工业 CO_2 排放量/工业增加值。

碳排放强度目标值(万 t/亿元)=5.989-(Time-2005)×0×5.989。

碳排放强度影响因子(Dmnl)= IF THEN ELSE(碳排放强度与目标值的差≥0,碳排放强度与目标值的差/碳排放强度目标值,0.05)。

5.系统仿真及结果

在 Vensim 仿真程序中,设定河南省工业碳排放系统仿真时间为 2005—2030 年,步长为 2 年,模型中输入上文设定的初始值、参数估计值和方程,运行系统,得到河南省工业增加值、能源消费需求、二氧化碳排放量及碳排放强度预测值如图 4-18、图 4-19、图 4-20、图 4-21 及表 4-20 所示。

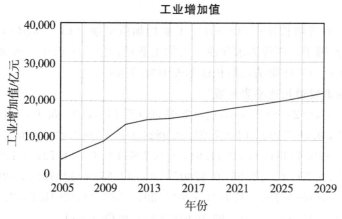

图 4-18　工业增加值仿真结果

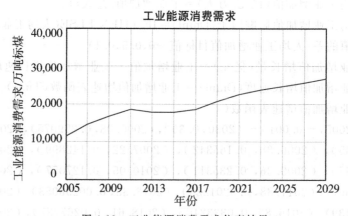

图 4-19　工业能源消费需求仿真结果

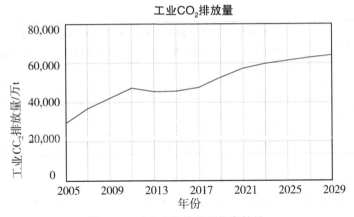

图 4-20　工业 CO_2 排放量仿真结果

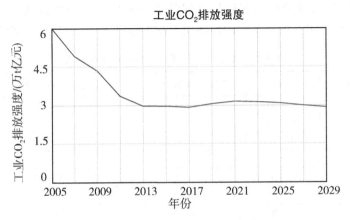

图 4-21　工业 CO_2 排放强度仿真结果

表 4-20　工业子系统仿真结果汇总表

年份	工业增加值 /亿元	工业能源消费 需求/万 t 标煤	工业 CO_2 排放量 /万 t 标煤	工业碳强度 /(万 t/亿元)
2005	4923	11485	29482	5.98862
2007	7473.85	14629.1	36788.2	4.92226
2009	9697.72	16644.8	42102.1	4.34144
2011	14029.1	18567	47190.6	3.36377
2013	15217.3	17718.4	45222.2	2.97177
2015	15426.2	17806	45601.4	2.95609
2017	16251.9	18503.4	47441.3	2.91913
2019	17316.8	20630.9	52816	3.04999

续表

年份	工业增加值/亿元	工业能源消费需求/万 t 标煤	工业 CO_2 排放量/万 t 标煤	工业碳强度/(万 t/亿元)
2021	18203.3	22512.6	57310.3	3.14835
2023	19062.5	23664.1	59709.5	3.13231
2025	19957.8	24633.2	61319.9	3.07249
2027	20922.5	25617.7	62692.5	2.99642
2029	21985.5	26634.9	63940.7	2.90831

6. 模型检验

(1)模型有效性检验。在设立方程过程中,已通过 check model 和 check units 检验。选取两个状态变量,即工业 GDP、能源消费需求,对比 2005—2015 年仿真值与实际值之间的误差来检验模型准确性,如表 4-21 所示,可以看出这两个变量的预测误差都不超过 10%,有较好的预测效果。

表 4-21 工业碳排放子系统仿真历史检验表

年份	项目	工业增加值/亿元	工业能源消费需求/万 t 标煤
2005	实际值	4923	11484.95
	预测值	4923	11485
	误差	0.00%	0.00%
2007	实际值	7508.27	14519.12
	预测值	7473.85	14629.1
	误差	0.46%	0.75%
2009	实际值	9858.4	16052.51
	预测值	9697.72	16644.8
	误差	0.08%	0.05%
2011	实际值	14401.7	17558.67
	预测值	14029.1	18567
	误差	2.66%	5.43%
2013	实际值	15960.6	16239
	预测值	15217.3	17718.4
	误差	4.88%	8.35%
2015	实际值	16100.92	16609.4
	预测值	15426.2	17806
	误差	4.37%	6.72%

(2)模型灵敏度检验。在同一个时间点,改变系统中任意能够反应系统的行为的变量的值,运行改变变量值后的系统,对比改变变量值前后两次的结果,计算变化比例即为系统的灵敏度。灵敏度越小,说明系统稳定性越

强,模型可以用来做预测。

选 2009 年和 2013 年两个时间点,取模型中的状态变量(工业增加值、工业能源消费需求、工业 CO_2 排放量)和辅助变量(人均工业增加值)做灵敏度分析。使所选定的变量的值增加或减少 10%,将改变后的变量值重新录入系统,运行模型,计算系统中状态变量结果的变化率,结果如表 4-22 和表 4-23 所示。由表 4-22 和表 4-23 可以看出,河南省工业碳排放系统动力学模型灵敏度值均小于 0.03,说明系统满足稳定性要求。

表 4-22　2009 年灵敏度检验

	技术进步影响因子	能源需求弹性	结构调整因子
工业增加值	0.0012	0.0000	0.0000
工业能源消费需求	0.0023	0.0037	0.0015
工业 CO_2 排放量	0.0020	0.0029	0.0034
人均工业增加值	0.0001	0.0014	0.0026

表 4-23　2013 年灵敏度检验

	技术进步影响因子	能源需求弹性	结构调整因子
工业增加值	0.0028	0.0000	0.0000
工业能源消费需求	0.0019	0.0001	0.0026
工业 CO_2 排放量	0.0071	0.0098	0.0047
人均工业增加值	0.0161	0.0129	0.0146

4.2.2.2　商用和民用碳排放子系统

商用和民用相关的能源消费和碳排放广义上包括除交通运输外的第三产业碳排放,具体涉及批发和零售业,仓储和邮政业,住宿和餐饮业,信息传输、软件和信息技术服务业,金融业,房地产业,租赁和商务服务业,科学研究和技术服务业,水利、环境和公共设施管理业,居民服务、修理和其他服务业,教育,卫生和社会工作,文化、体育和娱乐业,公共管理、社会保障和社会组织,国际组织,以及农、林、牧、渔业中的农、林、牧、渔服务业,采矿业中的开采辅助活动,制造业中的金属制品、机械和设备修理业[57]。商用及民用相关的能源消费主要指商业活动居民生活工作中,由于采暖、空调、照明、炊事和电器使用等行为所引起的能源消费,主要包括城镇和农村居民生活以及服务业和其他行业的能源消费和碳排放。

商用和民用能源消费主要包括生活用电、用煤和用气,而集中供热过程不会发生碳排放,其源头由煤炭转换成热力的过程产生的碳排放已在工业子系统中计算过,因此本系统只计算居民生活(包括公共建筑)用气、用电、用煤产生的碳排放。其中,考虑到居民生活和公共机构用电来源于工业火力发电,其引起的能源消耗在工业中已经计算过,此处为避免重复计算,根据河南省电力调入调出数据估算出河南省每年约有10%的电力来源于外省电力调入,因此,居民生活和公共机构用电引起的二氧化碳排放按照河南省居民生活用电量的10%计算。

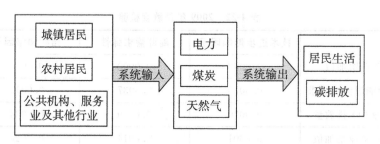

图 4-22　商用和民用碳排放子系统框架图

1.问题识别及系统边界

就河南省近年来的实际情况来看,一方面随着经济社会的发展和城镇化进程的加速推进,河南省服务业占比和居民生活水平不断提升,第三产业发展提速,社会公共管理和服务功能增加,河南省商用和民用能源消费快速增加。本节研究对象为河南省商用和民用碳排放子系统,根据居民生活能源消耗建立模型。系统边界为居民工作生活用电、用煤、用气三个二级子系统,对系统行为产生影响的变量纳入系统边界内,无影响的变量不纳入。

本部分研究河南省商用和民用碳排放子系统假设如下:模拟时间段内,人口增长速度稳定,居民用能方式没有新的科技替代。

2.因果关系图

民用和商用碳排放子系统因果关系图见图 4-23,图中主要回路为:能源消耗与排放→+碳排放→一居民生活→+能源消耗与排放。

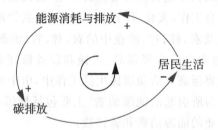

图 4-23　民用和商用碳排放子系统因果关系图

3. 系统动力学流图

根据系统边界,本简化模型并未完全考虑所有现实因素。

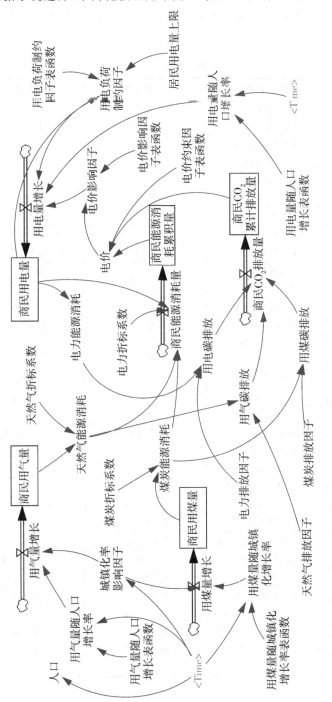

图4-24　商用和民用碳排放子系统流图

4.模型变量及方程

(1)变量。商用和民用碳排放子系统模型中包含时间变量共32个变量，其中状态变量5个，速率变量5个，辅助变量15个，常量7个，整理如表4-24所示。

表4-24　模型变量表

序号	变量名称	变量类型	变量单位
1	电力能源消耗	辅助变量	亿 kW·h
2	天然气能源消耗	辅助变量	万 t 标煤
3	煤炭能源消耗	辅助变量	万 t 标煤
4	用电碳排放	辅助变量	万 t
5	用气碳排放	辅助变量	万 t
6	用煤碳排放	辅助变量	万 t
7	电力折标系数	常量	万 t 标煤/亿 kW·h
8	天然气折标系数	常量	万 t 标煤/亿 m^3
9	煤炭折标系数	常量	万 t 标煤/万 t 原煤
10	电力排放因子	常量	万 tCO_2/亿 kW·h
11	天然气排放因子	常量	tCO_2/t 标煤
12	煤炭排放因子	常量	tCO_2/t 标煤
13	商民用电量	状态变量	亿 kW·h
14	商民用气量	状态变量	亿 m^3
15	商民用煤量	状态变量	万 t
16	用电量增长	速率变量	亿 kW·h
17	用气量增长	速率变量	亿 m^3
18	用煤量增长	速率变量	万 t
19	商民能源消耗量	速率变量	万 t 标煤
20	商民 CO_2 排放量	速率变量	万 t
21	商民能源消耗累积量	状态变量	万 t 标煤
22	商民 CO_2 排放累积量	状态变量	万 t
23	电价	辅助变量	元/亿 kW·h
24	电价影响因子	辅助变量	Dmnl
25	用电量随人口增长率	辅助变量	Dmnl
26	居民用电量上限	常量	亿 kW·h
27	人口	辅助变量	万人
28	用电负荷制约因子	辅助变量	Dmnl
29	城镇化率影响因子	辅助变量	Dmnl
30	用气量随人口增长率	辅助变量	Dmnl
31	用煤量随城镇化增长率	辅助变量	Dmnl
32	Time	辅助变量	a

（2）初始值和常量。用电量初始值：取《中国能源统计年鉴》中城镇居民、农村居民和第三产业（除交通运输）用电量的加和值，2005 年用电量初始值为 203.38 亿 kW·h。

用气量初始值：根据《中国统计年鉴》中城市天然气供气总量，2005 年用气量初始值为 5.33 亿 m³。

用煤量初始值：取《中国能源统计年鉴》中城镇居民、农村居民和第三产业（除交通运输）煤炭用量的加和值，2005 年用煤量初始值为 1230.09 万 t。

电力折标系数：根据《综合能耗计算通则（GBT 2589—2008）》，取电力折标系数为 12.29 万 t 标煤/亿 kW·h。

天然气折标系数：根据《综合能耗计算通则（GBT 2589—2008）》，取天然气折标系数为 0.0133 万 t 标煤/亿 m³。

煤炭折标系数：居民生活用煤大部分为散煤，此处按原煤折标系数取值，为 0.7143 万 t 标煤/万 t 原煤。

电力排放因子：根据《国家发展改革委办公厅关于开展"十二五"单位国内生产总值二氧化碳排放降低目标责任考核评估的通知》（发改办气候[2016]1238 号），河南省电网排放因子为 80.63 万 tCO_2/亿 kW·h。

天然气排放因子：根据《国家发展改革委办公厅关于开展"十二五"单位国内生产总值二氧化碳排放降低目标责任考核评估的通知》（发改办气候[2016]1238 号），天然气排放因子为 1.63 tCO_2/t 标煤。

煤炭排放因子：根据《国家发展改革委办公厅关于开展"十二五"单位国内生产总值二氧化碳排放降低目标责任考核评估的通知》（发改办气候[2016]1238 号），煤炭排放因子为 2.64 tCO_2/t 标煤。

居民用电量上限，取 6200 亿 kW·h。

（3）方程。

商民能源累计消耗量（万 t 标煤）＝INTEG（能源消耗量，0）

商民能源消耗量（万 t 标煤）＝天然气能源消耗＋煤炭能源消耗＋（商民用电量×电力折标系数）

商民 CO_2 累计排放量（万 t）＝INTEG（商民 CO_2 排放量，0）

商民 CO_2 排放量（万 t）＝用气碳排放＋用煤碳排放＋用电碳排放

电力能源消耗＝商民用电量×0.1，单位：亿 kW·h。由于河南省电力只有 10% 是由外省电力调入，其余为省内自供，而省内自供部分能源消耗已在工业碳排放子系统中计算过，此处不再重复计算，在商用和民用碳排放子系统中只计算商民用电量的 10% 作为商民电力能源消耗，进而计算由其产生的 CO_2 排放量。

天然气能源消耗（万 t 标煤）＝商民用气量×天然气折标系数

煤炭能源消耗(万 t 标煤)＝商民用煤量×煤炭折标系数

用电碳排放(万 t)＝电力排放因子×电力能源消耗

用气碳排放(万 t)＝天然气能源消耗×天然气排放因子

用煤碳排放(万 t)＝煤炭排放因子×煤炭能源消耗

商民用电量(亿 kW·h)＝INTEG(用电量增长,203.38)

商民用气量(亿 m³)＝INTEG(用气量增长,5.33)

商民用煤量(万 t)＝INTEG(用煤量增长,1230.09)

用电量增长(亿 kW·h)＝用电负荷制约因子×用电量随人口增长率×电价影响因子

用气量增长(亿 m³)＝用气量随人口增长率×城镇化率影响因子

用煤量增长(万 t)＝城镇化率影响因子×用煤量随城镇化增长率

电价影响因子(Dmnl)＝电价影响因子表函数(电价)

电价影响因子表函数(
$[(3.5e+008,0)-(6.5e+008,2)],(4e+008,0.8),(4.8486e+008,0.9),(5.2386e+008,1),(6e+008,1.1))$,单位:Dmnl

电价(元/亿 kW·h)＝电价约束因子表函数(CO_2 累计排放量/2.75＋能源消耗累积量)/2

电价约束因子表函数(
$[(0,0)-(7e+010,6e+008)],(0,5e+008),(3.99e+009,5e+008),(6.68e+010,5e+008))$,单位:Dmnl

用电量随人口增长率(Dmnl)＝用电量随人口增长表函数(Time)

用电量随人口增长率表函数(
$[(2005,1)-(2030,13)],(2005.15,5.02632),(2005.84,5.17105),(2006.68,5.33333),(2007.68,6.32281),(2008.29,7.62807),(2008.67,8.49825),(2009.28,9.64474),(2010.12,10.7105),(2010.89,11.5),(2011.57,12),(2012.65,6.11842),(2013.1,5.32018),(2013.64,4.18421),(2014.17,3.48246),(2014.94,3.83333),(2014.94,3.78947),(2016.01,4.27193),(2016.01,4.14035),(2016.24,4.31579),(2016.31,4.31579),(2016.85,3.26316),(2017.23,2.68421),(2017.92,2.73684),(2018.38,2.21053),(2018.91,1.89474),(2019.14,1.84211),(2019.83,1.84211),(2020.29,1.36842),(2020.67,1.57895),(2021.44,1.52632),(2021.82,1.52632),(2022.35,1.63158),(2023.35,1.52632),(2024.72,1.57895),(2025.34,1.57895),(2026.18,1.68421),(2026.87,1.68421),(2028.24,1.73684),(2029.16,1.57895),(2029.92,1.57895))$,单位:Dmnl

用电负荷制约因子(Dmnl)＝用电负荷制约因子表函数(商民用电量/居民用电量上限)

用电负荷制约因子表函数(Dmnl)＝〔(0,0)－(1,2)〕,(0,1),(0.458716,0.508772),(1,0)

城镇化率影响因子(Dmnl)＝WITHLOOKUP(Time,

((〔(2005,0)－(2030,1)〕,(2005,0.3065),(2006,0.325),(2007,0.343),(2008,0.36),(2009,0.377),(2010,0.391),(2011,0.1057),(2012,0.4243),(2013,0.438),(2014,0.452),(2015,0.4685),(2020.44,0.469298),(2029.92,0.464912)))

用气量随人口增长率(Dmnl)＝用气量随人口增长表函数(Time)

用气量随人口增长率表函数(

〔(2005,1)－(2030,13)〕,(2005.15,5.02632),(2005.84,5.17105),(2006.68,5.33333),(2007.68,6.32281),(2008.29,7.62807),(2008.67,8.49825),(2009.28,9.64474),(2010.12,10.7105),(2010.89,11.5),(2011.57,12),(2012.65,6.11842),(2013.1,5.32018),(2013.64,4.18421),(2014.17,3.48246),(2014.94,3.83333),(2014.94,3.78947),(2016.01,4.27193),(2016.01,4.14035),(2016.24,4.31579),(2016.31,4.31579),(2016.85,3.26316),(2017.23,2.68421),(2017.92,2.73684),(2018.38,2.21053),(2018.91,1.89474),(2019.14,1.84211),(2019.83,1.84211),(2020.29,1.36842),(2020.67,1.57895),(2021.44,1.52632),(2021.82,1.52632),(2022.35,1.63158),(2023.35,1.52632),(2024.72,1.57895),(2025.34,1.57895),(2026.18,1.68421),(2026.87,1.68421),(2028.24,1.73684),(2029.16,1.57895),(2029.92,1.57895)),单位:Dmnl

人口(万人)＝WITHLOOKUP(Time,

(〔(2004,9900)－(2036,11600)〕,(2005,9967.41),(2006,10029.2),(2007,10157.5),(2008,10390.4),(2009,10482.4),(2010,10589.1),(2011,10625),(2012,10661.7),(2013,10700.5),(2014,10744.3),(2015,10805.2),(2016,11057.8),(2016.82,11164.5),(2017.9,11191.7),(2018.58,11178.1),(2019.17,11069.3),(2019.17,11096.5),(2020.05,11096.5),(2020.93,11082.9),(2022,11069.3),(2023.18,11055.7),(2024.16,11082.9),(2025.04,11082.9),(2025.92,11082.9),(2027,11096.5),(2028.17,11123.7),(2028.86,11096.5),(2029.35,11096.5),(2029.44,10854.1),(2031,11382),(2032.18,11450),(2033,11726),(2034,11435),(2035,11251)))

　　用煤量随城镇化增长率（Dmnl）＝用煤量随城镇化增长率表函数（Time）

　　用煤量随城镇化增长率表函数（

　　[(2005,－600)－(2030,10)]，(2005.15，－177.632)，(2005.76，－169.079)，(2006.91，－32.2368)，(2007.75，－21.9737)，(2008.59，－15.1316)，(2009.89，－262.807)，(2010.73，－441.974)，(2011.42，－489.254)，(2012.57，－489.254)，(2012.87，－137.149)，(2014.1，－118.421)，(2014.94，－105.044)，(2016.24，－97.0175)，(2017.46，－86.3158)，(2018.53，－78.2895)，(2019.53，－67.5877)，(2020.14，－59.5614)，(2020.98，－54.2105)，(2021.74，－43.5088)，(2022.13，－46.1842)，(2022.66，－43.5088)，(2023.65，－35.4825)，(2024.72，－32.807)，(2025.8，－35.4825)，(2026.79，－32.807)，(2027.71，－27.4561)，(2028.7，－32.807)，(2029.54，－30.1316)，(2029.85，－22.1053)，(2029.85，－27.4561))，单位：Dmnl

　　5. 系统仿真及结果

　　在 Vensim 仿真程序中，设定河南省商用和民用碳排放系统仿真时间为 2005—2030 年，步长为 2 年，模型中输入上文设定的初始值、参数估计值和方程，运行系统，得到商民用电量、商民用气量、商民用煤量、商民能源消耗量及商民 CO_2 排放量预测值如图 4-25、图 4-26、图 4-27、图 4-28、图 4-29 及表 4-26 所示。

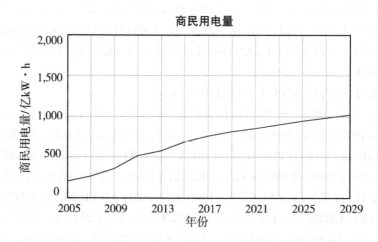

图 4-25　商用和民用子系统用电量仿真结果图

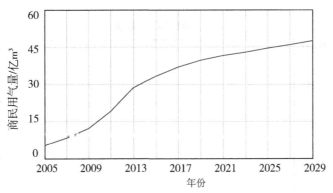

图 4-26　商用和民用子系统用气量仿真结果图

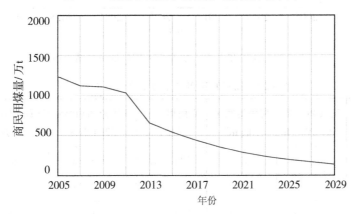

图 4-27　商用和民用子系统用煤量仿真结果图

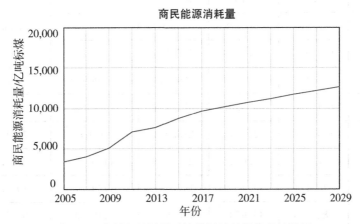

图 4-28　商用和民用子系统能源消耗量仿真结果图

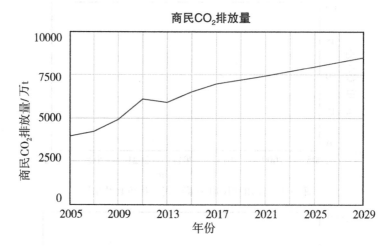

图 4-29 商用和民用子系统 CO_2 排放量仿真结果图

表 4-25 商用和民用子系统仿真结果汇总表

年份	商民用电量 /亿 kW·h	商民用气量 /亿 m³	商民用煤量 /万 t	商民能源消耗量 /万 t 标煤	商民 CO_2 排放量 /万 t
2005	203.38	5.33	1230.09	3378.26	3959.61
2007	260.189	8.41113	1121.2	3998.71	4212.39
2009	351.774	12.287	1099.84	5109.08	4910.65
2011	514.032	19.1623	1029.53	7053.1	6086.5
2013	578.052	28.559	655.903	7573.15	5898.32
2015	681.673	33.3748	537.495	8762.14	6510.63
2017	760.156	36.9509	439.416	9656.68	6958.57
2019	811.256	39.7961	354.704	10224.2	7210.9
2021	854.696	41.5544	285.974	10709	7431.59
2023	897.647	43.0144	235.384	11200.8	7682.54
2025	940.171	44.4779	197.231	11696.2	7953.49
2027	982.516	45.9532	165.929	12194.3	8235.93
2029	1022.25	47.5285	136.474	12661.5	8500.76

6.模型检验

(1)模型有效性检验。在设立方程过程中,已通过 check model 和 check units 检验。选取三个状态变量,即商民用电量、商民用气量及商民用煤量,对比 2005—2015 年仿真值与实际值之间的误差来检验模型准确性,如表 4-26 所示,可以看出这两个变量的预测误差都不超过 10%,有较好的预测效果。

表 4-26　商用和民用碳排放子系统仿真历史检验表

年份	项目	商民用电量 /亿 kW·h	商民用气量 /亿 m³	商民用煤量 /万 t
2005	实际值	203.38	5.33	1230.09
	预测值	203.38	5.33	1230.09
	误差	0.00%	0.00%	0.00%
2007	实际值	260.69	8.52	1122.11
	预测值	260.189	8.41113	1121.2
	误差	0.19%	1.28%	0.08%
2009	实际值	353.4	12.67	1109.31
	预测值	351.774	12.287	1099.84
	误差	0.46%	3.02%	0.85%
2011	实际值	538.93	19.47	1029.7
	预测值	514.032	19.1623	1029.53
	误差	4.84%	1.61%	0.02%
2013	实际值	594.86	28.86	652.44
	预测值	578.052	28.559	655.903
	误差	2.91%	1.04%	0.53%
2015	实际值	732.89	33.28	568.67
	预测值	681.673	33.3748	537.495
	误差	7.51%	0.28%	5.80%

(2)模型灵敏度检验。选 2009 年和 2013 年两个时间点,取模型中的状态变量(商民用气量、商民用电量、商民用煤量)和速率变量(商民能源消耗量、商民 CO_2 排放量)做灵敏度分析。使所选定的变量的值增加或减少 10%,将改变后的变量值重新录入系统,运行模型,计算系统中状态变量结果的变化率,结果如表 4-27 和表 4-28 所示。由表 4-27 和表 4-28 可以看

出,河南省商用和民用碳排放子系统灵敏度值均小于 0.03,说明系统稳定性可以满足模拟预测要求。

表 4-27 2009 年灵敏度检验

	电价影响因子	城镇化率影响因子	用煤量随城镇化增长率/%
商民用气量	0.0221	0.0127	0.0000
商民用电量	0.0055	0.0173	0.0608
商民用煤量	0.0095	0.0008	0.0231
商民能源消耗量	0.0147	0.0034	0.0161
商民 CO_2 排放量	0.0041	0.0174	0.0257

表 4-28 2013 年灵敏度检验

	电价影响因子	城镇化率影响因子	用煤量随城镇化增长率/%
商民用气量	0.0063	0.0079	0.0000
商民用电量	0.0444	0.0100	0.0002
商民用煤量	0.0217	0.0294	0.0002
商民能源消耗量	0.0195	0.0163	0.0003
商民 CO_2 排放量	0.0232	0.0083	0.0013

4.2.2.3 交通运输碳排放子系统

交通运输碳排放子系统主要针对机动车辆的能源消耗和碳排放,因而交通运输整个系统包括公共交通二级子系统和民用车辆二级子系统。交通运输碳排放子系统结构图如图 4-30 所示。其中公共交通二级子系统又包括公交车、出租车,民用车二级子系统包括载客汽车。

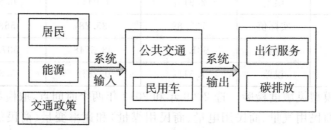

图 4-30 交通运输子系统结构图

　1.问题识别及系统边界

本部分研究对象为河南省交通运输碳排放子系统,根据机动车及能源消耗建立模型。系统边界为两个二级子系统,即交通运输公共交通二级子系统和交通运输民用车二级子系统,对系统行为产生影响的变量纳入系统边界内,无影响的变量不纳入。为更好研究河南省交通运输碳排放子系统,本部分所建立模型基于以下基本假设:

(1)模拟时间段内,人口增长速度稳定,居民出行方式没有新的科技替代。

(2)系统暂不考虑高铁、动车、火车、地铁出行能源消耗。

(3)系统暂不考虑货运能源消耗。

2.因果关系图

交通运输碳排放子系统因果回路图见图 4-31,图中回路如下:

(1)机动车数量→+机动车出行量→+能源消耗与排放→一机动车数量

(2)机动车数量→+机动车出行量→+地面交通负荷→一机动车数量

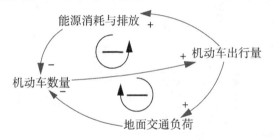

图 4-31　交通运输碳排放子系统因果回路图

3.系统动力学流图

交通运输碳排放子系统流图见图 4-32。根据系统边界,本简化模型并未完全考虑所有现实因素。

4.模型变量及方程

(1)变量。交通运输碳排放子系统模型中包含时间变量共 38 个,其中状态变量 5 个,速率变量 4 个,辅助变量 20 个,常量 9 个,整理如表 4-29 所示。

(2)常量。

Car-油耗,根据调查,取值 8L/百公里。

Taxi-油耗,根据调查,取值 8L/百公里。

Bus-油耗,根据调查,取值 30L/百公里。

Car-VKT,表示私家车平均每辆每年的行驶里程,根据相关文献[64],取值 24000km。

Taxi-VKT,表示出租车平均每辆每年的行驶里程,根据相关文献,取值90000km。

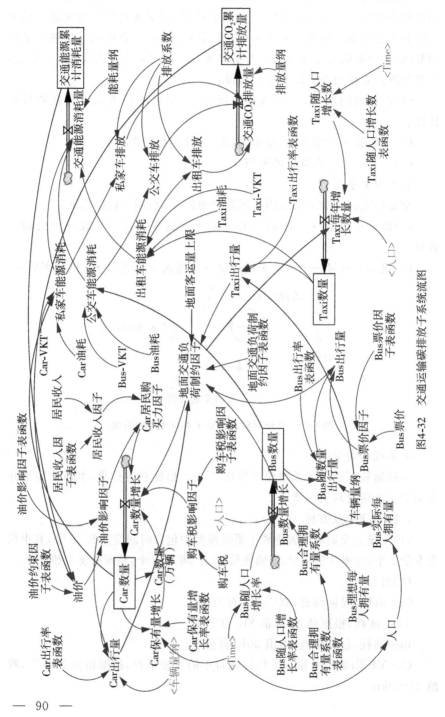

图4-32 交通运输碳排放子系统流图

表 4-29　模型变量表

序号	变量名称	变量类型	变量单位
1	Bus 数量	状态变量	辆
2	Taxi 数量	状态变量	辆
3	Bus 数量增长	速率变量	辆/a
4	Bus 随人口增长率	辅助变量	辆/人
5	Bus 合理拥有量系数	辅助变量	Dmnl
6	Bus 实际每人拥有量	辅助变量	辆
7	Bus 随数量出行辆	辅助变量	辆
8	地面交通负荷制约因子	辅助变量	Dmnl
9	Bus 理想每人拥有量	辅助变量	辆
10	Car 数量	状态变量	辆
11	Car 数量增长	速率变量	辆
12	Car 出行量	辅助变量	辆
13	Car 随人口增长数	辅助变量	辆
14	Car 随人口增长率	辅助变量	Dmnl
15	购车税影响因子	辅助变量	Dmnl
16	油价影响因子	辅助变量	Dmnl
17	Car 居民购买力因子	辅助变量	Dmnl
18	能源累计消耗量	状态变量	L
19	二氧化碳累计排放总量	状态变量	kg
20	能源消耗量	速率变量	L/a
21	二氧化碳排放量	速率变量	kg/a
22	私家车能源消耗	辅助变量	L/a
23	私家车排放	辅助变量	kg/a
24	出租车能源消耗	辅助变量	L/a
25	出租车排放	辅助变量	kg/a
26	公交车能源消耗	辅助变量	L/a
27	公交车排放	辅助变量	kg/a

序号	变量名称	变量类型	变量单位
28	排放系数	常量	kg/L
29	Car-油耗	常量	L/百公里
30	Taxi-油耗	常量	L/百公里
31	Bus-油耗	常量	L/百公里
32	Car-VKT	常量	km
33	Taxi-VKT	常量	km
34	Bus-VKT	常量	km
35	人口	辅助变量	万人
36	能耗量纲	常量	Dmnl
37	排放量纲	常量	Dmnl
38	Time	辅助变量	年

Bus-VKT，表示公交车平均每辆每年的行驶里程，根据相关文献，取值 20000km。

Bus 理想每人拥有量，根据《河南省"十三五"现代综合交通运输体系发展规划》，取值 0.02 辆。

能耗量纲，燃料油 L 转换为万吨标煤，密度取 $740kg/m^3$ 计算，得到能耗量纲为 1.057164×10^{-7}。

排放量纲，CO_2 排放 kg 转换为万 t，取 1×10^{-7}。

（3）方程。

出租车排放（kg/a）＝出租车能源消耗×排放系数

出租车能源消耗（L/a）＝Taxi 数量×Taxi-VKT ＊ Taxi-油耗

Taxi 出行量（万人次）＝Taxi 出行率表函数（Taxi 数量/车辆量纲）

Taxi 出行率表函数（

[（40000，40000）－（60000，60000）]，（41834.9，45175.4），（43058.1，45263.2），（44097.9，45438.6），（45137.6，45438.6），（46483.2，45526.3），（47461.8，45789.5），（48929.7，45964.9），（49908.3，45964.9），（51009.2，46403.5），（52171.3，46578.9），（53333.3，46754.4）），单位：万人次

Taxi 每年增长数量（辆/a）＝人口×Taxi 随人口增长数×地面交通负荷制约因子

Taxi 随人口增长数表函数（

$[(2005, -0.5) - (2030, 0.2)]$, $(2005.23, -0.355702)$, $(2006.38, -0.325)$, $(2007.29, 0.104825)$, $(2008.21, 0.0921053)$, $(2009.13, -0.00263158)$, $(2009.13, -0.015)$, $(2010.58, 0.0184211)$, $(2011.57, -0.0486842)$, $(2012.87, 0.0368421)$, $(2014.1, 0.0421053)$, $(2015.24, -0.0394737)$, $(2016.39, 0.0605263)$, $(2017.16, 0.0236842)$, $(2018.07, 0.0526316)$, $(2018.99, -0.00151316)$, $(2019.91, 0.0473684)$, $(2020.6, -0.0333333)$, $(2020.9, -0.0364035)$, $(2022.05, -0.00464912)$, $(2022.28, 0.0236842)$, $(2022.74, 0.0421053)$, $(2023.73, 0.0447368)$, $(2025.03, -0.00199561)$, $(2025.57, 0.0447368)$, $(2026.25, -0.00392544)$, $(2026.79, 0.0447368)$, $(2028.01, -0.00151316)$, $(2029.92, 0.0368421))$，单位：辆/（a·人）

Taxi 随人口增长数 [辆/(a·人)] = Taxi 随人口增长数表函数（Time）

Taxi 数量（辆）= INTEG（Taxi 每年增长数量，52744）

地面交通负荷制约因子（Dmnl）= 地面交通负荷制约因子表函数（（Bus 出行量 + Car 出行量 + Taxi 出行量）/地面客运量上限）

地面交通负荷制约因子表函数（$[(0,0) - (1,2)]$，$(0,1)$，$(0.5,0.9)$，$(1,0)$），单位：Dmnl

地面客运量上限（万人次）= 4500000

CO_2 累积排放量（万 t）= INTEG（排放量，0）

公交车排放（kg/a）= 公交车能源消耗 × 排放系数

公交车能源消耗（L/a）= Bus 数量 × Bus-VKT × Bus-油耗

购车税（Dmnl）= 0

购车税影响因子（Dmnl）= 购车税影响因子表函数（购车税）

购车税响应因子表函数（$[(0,0) - (10,10)]$，$(0,1)(0.1,0.5)$），单位：Dmnl

居民收入（元）= 24391.45

居民收入因子（Dmnl）= 居民收入因子表函数（居民收入），Units：Dmnl 居民收入因子表函数（$[(0,0) - (40000,10)]$，$(15476, 0.7)$，$(17828, 0.8)$，$(21170, 0.9)$，$(24391.4, 1)$）

排放量（万 t/a）=（出租车排放 + 公交车排放 + 私家车排放）× 排放量纲

车辆量纲（辆）= 1

排放量纲（kg）= 1

能耗量纲（L）= 1

排放系数（kg/L）= 2.75

能源累计消耗量(L)＝INTEG(能源消耗量,0)

能源消耗量(万 t 标煤/a)＝(出租车能源消耗＋公交车能源消耗＋私家车能源消耗)×能耗量纲

Bus 随人口增长率表函数(

[(2005,0)－(2030,0.003)],(2005.08,0.000337719),(2005.69,0.000350877),(2006.15,0.000385965),(2006.68,0.00175439),(2007.37,0.00182456),(2008.29,0.00187719),(2009.28,0.00171053),(2010.2,0.00167105),(2010.89,0.0017193),(2011.65,0.00166667),(2012.34,0.00151316),(2013.33,0.00133772),(2013.94,0.00123684),(2014.86,0.00117105),(2016.01,0.00105263),(2016.93,0.000986842),(2017.77,0.000881579),(2018.46,0.000802632),(2019.07,0.000776316),(2019.45,0.000736842),(2019.68,0.00075),(2020.21,0.00075),(2020.75,0.000710526),(2021.36,0.000644737),(2022.05,0.000618421),(2022.66,0.000592105),(2023.2,0.000592105),(2023.81,0.000539474),(2024.5,0.000513158),(2025.11,0.000539474),(2025.95,0.000486842),(2026.56,0.000473684),(2027.02,0.000486842),(2027.32,0.000486842),(2028.47,0.000473684),(2029.92,0.000434211)),单位:辆/人/a

Bus 出行量(万人次)＝Bus 票价因子×Bus 随数量出行量

Bus 出行率表函数(

[(12876,0)－(3e＋010,15)],(12876,6.95679),(13213,7.87084),(13546,8.52355),(15661,7.81649),(15735,8.66088),(16096,9.85524),(17601,10.4661),(18137,10.906),(18920,6.63055),(20417,6.28295),(22063,5.10062),(3e＋010,8.13)),单位:万人次/辆

Bus 合理拥有量系数(Dmnl)＝Bus 合理拥有量系数表函数(Bus 实际每人拥有量/Bus 理想每人拥有量)

Bus 合理拥有量系数表函数([(0,0)－(1,2)],(0,1),(0.5,0.9),(1,0)),单位:Dmnl

Bus 票价(元)＝1

Bus 票价因子(Dmnl)＝Bus 票价因子表函数(Bus 票价)

Bus 票价因子表函数([(0.5,0)－(2,2)],(0.5,15),(1,1),(1.5,0.75)),单位:Dmnl

Bus 实际每人拥有量(辆/人)＝Bus 数量/人口

Bus 随人口增长率[辆/(a·人)]＝Bus 随人口增长率表函数(Time)

Bus 随数量出行量(万人次)＝Bus 数量×Bus 出行率表函数(Bus 数量/车辆量纲)

Bus 数量(辆)＝INTEG(Bus 数量增长,13213)

Bus 数量增长(辆/a)＝人口×Bus 随人口增长率×Bus 合理拥有量系数×地面交通负荷制约因子

Car 保有量增长(辆/a)＝Car 数量×Car 保有量增长率表函数(Time)

Car 保有量增长率表函数(

[(2005,0)－(2030,1.5)],(2004.92,1.13158),(2005.54,1.125),(2005.84,1.13158),(2006.15,1.22368),(2006.61,1.20658),(2007.06,1.15789),(2007.22,1.11842),(2007.98,1.10526),(2008.29,1.07895),(2008.82,1.07237),(2009.13,1.04605),(2009.51,1.01974),(2009.74,1.03289),(2010.2,1.01316),(2010.73,0.993421),(2011.12,0.967105),(2011.65,0.934211),(2011.88,0.921053),(2012.26,0.927632),(2012.95,0.901316),(2013.72,0.888158),(2014.71,0.861842),(2015.78,0.822368),(2016.7,0.776316),(2017.77,0.763158),(2018.76,0.75),(2019.45,0.743421),(2020.44,0.717105),(2021.44,0.690789),(2022.51,0.684211),(2023.65,0.638158),(2024.72,0.625),(2025.8,0.592105),(2026.64,0.585526),(2027.25,0.546053),(2027.94,0.526316),(2028.7,0.460526),(2029.77,0.453947)),单位:Dmnl

Car 出行量(万人次)＝Car 数量×Car 出行率表函数(Car 数量/车辆量纲)×油价影响因子

Car 出行率表函数(

[(600000,0)－(9e＋006,0.2)],(614200,0.006288),(800700,0.008154),(1.0344e＋006,0.01048),(1.3229e＋006,0.013338),(1.8138e＋006,0.0182),(2.4476e＋006,0.023451),(3.2271e＋006,0.030767),(4.0008e＋006,0.03795),(5.1211e＋006,0.05),(6.6004e＋006,0.061906),(7.5137e＋006,0.070077)),单位:万人次/辆

Car 居民购买力因子(Dmnl)＝居民收入因子/油价影响因子

Car 数量(辆)＝INTEG(Car 数量增长,439100)

Car 数量增长(辆/a)＝Car 保有量增长×Car 居民购买力因子×购车税影响因子×地面交通负荷制约因子

私家车能源消耗(L/a)＝Car 数量×Car-VKT×Car 油耗

私家车排放(kg/a)＝私家车能源消耗×排放系数

油价(元/L)＝油价约束因子表函数(CO_2 累积排放量/排放量纲)/2.75＋能源累积消耗量/能耗量纲)/2)

油价影响因子(Dmnl)＝油价影响因子表函数(油价)

油价影响因子表函数（[(5,0)－(10,2)],(6.88,0.9),(6.98,1),(7.08,1.1)),单位:Dmnl

油价约束因子表函数
([(0,0)－(9e＋010,10)],(0,6.98),(3.99e＋009,6.98),(6.66e＋010,6.98)),单位:Dmnl

5. 系统仿真及结果

在 Vensim 仿真程序中,设定河南省交通运输碳排放系统仿真时间为2005—2030年,步长为2年,模型中输入上文设定的初始值、参数估计值和方程,运行系统得到公交车数量、出租车数量、私家车数量、能源消耗及碳排放量预测值如图 4-33、图 4-34、图 4-35、图 4-36、图 4-37 及表 4-30 所示。

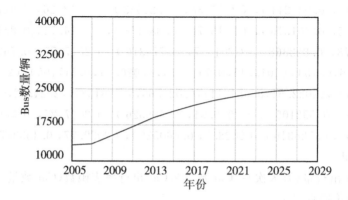

图 4-33　Bus 数量仿真结果

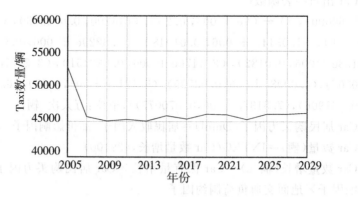

图 4-34　Taxi 数量仿真结果

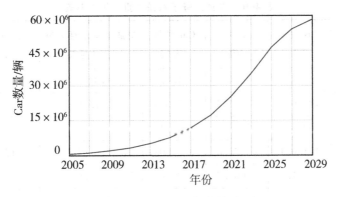

图 4-35　Car 数量仿真结果

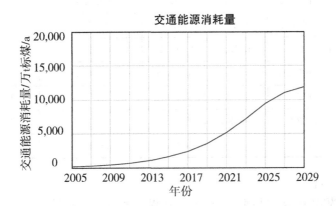

图 4-36　交通能源消耗量仿真结果

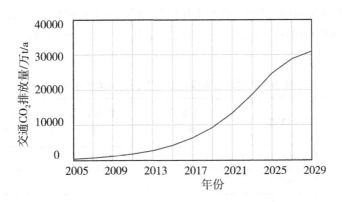

图 4-37　CO_2 排放量仿真结果

表 4-30　交通运输子系统仿真结果汇总表

年份	Bus 数量/辆	Taxi 数量/辆	Car 数量/万辆	交通能源消耗总量/万 t 标煤	交通 CO_2 排放量/万 t
2005	13213	52744	61.42	173.194	450.532
2007	13546.9	45701.8	105.356	257.224	669.119
2009	15345.6	45053.4	183.346	416.172	1082.59
2011	17160.1	45275.8	305.703	665.846	1732.07
2013	18937.9	45066.7	492.98	1046.94	2723.41
2015	20393.3	45847.8	770.632	1612.02	4193.36
2017	21592.7	45384.4	1175.2	2433.59	6330.53
2019	22603.8	46033.7	1728.23	3557.24	9253.49
2021	23398	46013.7	2501.18	5126.63	13336
2023	24082.3	45338.7	3524.86	7204.35	18740.7
2025	24567.6	46041.7	4635.74	9460	24608.4
2027	24822.7	46033	5422.6	11057.3	28763.4
2029	24936.8	46206	5832.68	11889.9	30929.2

6. 模型检验

(1)模型有效性检验。在设立方程过程中,已通过 check model 和 check units 检验。选取三个状态变量(公交车数量、出租车数量和私家车数量),对比 2005—2015 年仿真值与实际值之间的误差来检验模型准确性,如表 4-31 所示,可以看出这三个变量的预测误差都不超过 10%,能够通过模型有效性检验。

表 4-31　交通运输碳排放子系统仿真历史检验表

年份	项目	公交车数量/辆	出租车数量/辆	私家车数量/万辆
	实际值	13213	52744	61.42
2005	预测值	13213	52744	61.42
	误差	0.00%	0.00%	0.00%

续表

年份	项目	公交车数量/辆	出租车数量/辆	私家车数量/万辆
2007	实际值	13546	46054	103.44
	预测值	13546.9	45701.8	105.356
	误差	0.01%	0.76%	1.85%
2009	实际值	15735	45001	181.38
	预测值	15345.6	45053.4	183.346
	误差	2.54%	0.12%	1.07%
2011	实际值	17601	44539	322.71
	预测值	17160.1	45275.8	305.703
	误差	2.57%	1.63%	5.56%
2013	实际值	18920	45483	503.92
	预测值	18937.9	45066.7	492.985
	误差	0.09%	0.92%	2.17%
2015	实际值	22063	46342	751.37
	预测值	20393.3	45847.8	770.632
	误差	8.19%	1.08%	2.50%

(2)模型灵敏度检验。选 2009 年和 2013 年两个时间点,取模型中的状态变量(Car 数量、Bus 数量、Taxi 数量)和速率变量(交通能源消耗量、交通 CO_2 排放量)做灵敏度分析。使所选定的变量的值增加或减少 10%,将改变后的变量值重新录入系统,运行模型,计算系统中状态变量结果的变化率,结果如表 4-32 和表 4-33 所示。由表 4-32 和表 4-33 可以看出,河南省交通运输碳排放子系统灵敏度值均小于 0.03,说明系统稳定性满足做模拟预测要求。

表 4-32　2009 年灵敏度检验

灵敏度	Bus 票价	收入	Taxi 随人口增长率	Car 随人口增长率
Car 数量	0.0043	0.0298	0.0167	0.0219
Bus 数量	0.0221	0.0013	0.0037	0.0040
Taxi 数量	0.0003	0.0034	0.0029	0.0037
交通能源消耗量	0.0079	0.0217	0.0067	0.0056
交通 CO_2 排放量	0.0159	0.0035	0.0206	0.0068

表 4-33　2013 年灵敏度检验

灵敏度	Bus 票价	收入	Taxi 随人口增长率	Car 随人口增长率
Car 数量	0.0299	0.0052	0.0009	0.0007
Bus 数量	0.0451	0.0006	0.0107	0.0233
Taxi 数量	0.0046	0.0001	0.0000	0.0002
交通能源消耗量	0.0024	0.0017	0.0055	0.0011
交通 CO_2 排放量	0.0014	0.0066	0.0033	0.0192

4.2.2.4　农业和土林碳排放子系统

本部分农业和土林碳排放子系统中不构建农业碳排放内容。因为农作物一般为一年两熟，在春天和夏天以二氧化碳形式固定到农作物中的碳，在秋天农作物收获以后随着秸秆的被处理，固定到农作物中的碳又以二氧化碳的形式排放回到大气中。例如，秸秆焚烧发电的过程，秸秆中固定的碳在焚烧过程中就以二氧化碳的形式释放回到大气中；而秸秆堆沤的过程中，会发生有氧发酵和无氧发酵，其中，在无氧发酵的过程中会产生甲烷和氧化亚氮，这些属于温室气体，在计算温室气体时需要计算，而在计算碳排放时不需要考虑。农业温室气体主要为稻田 CH_4 排放、农用地 N_2O 排放、动物肠道发酵 CH_4 排放、动物粪便管理 CH_4 和 N_2O 排放。而那些固定到粮食中的碳，相对于秸秆中的碳，量比较小，所以不计算。并且，相对林业而言，林业因为树木生长周期长，固定的碳短时间内不会被释放(除森林砍伐和烧山)，有一个稳定的固碳的效果，而农业没有这个稳定固碳效果。所以，碳排放和碳汇考虑林业而暂不考虑农业。

土林即土地利用变化和林业(LUCF)是"联合国气候变化框架公约"温室气体清单评估的主要领域之一。根据"政府间气候变化专门委员会"(IPCC)编制的国家温室气体清单编制指南，LUCF 清单主要评估人类活动导致的土地利用变化和林业活动所产生的温室气体源排放和汇清除。我国土地类型常分为林地、耕地、牧草地、水域、未利用地和建设用地等。其中林地包括有林地、疏林地、灌木林地、未成林地、苗圃地、无立木林地、宜林地和林业辅助用地。"土地利用变化"是指不同土地利用类型之间的相互转化(如林地转化为农地、草地转化为农地等)。土地利用变化可能会导致温室气体的排放(如毁林转化为居住用地)或温室气体吸收(如退耕还林)等。IPCC 第 4 次评估报告结果显示，土地利用变化(主要评估了毁林)是仅次于化石燃料燃烧的全球第二大人为温室气体排放源，约占全球人为 CO_2 排放总量的 17.2%。目前 LUCF 温室气体清单中的"土地利用变化"主要评估"有林地转化为非林地"过程中的温室气体源排放或汇清除。暂不考虑林地与其他土地利用类型之间的转化。

　　森林是陆地生态系统最大的碳储存库。森林既是重要的温室气体吸收汇,同时也是重要的温室气体排放源。通过造林、再造林、森林管理等活动,能增加森林面积,提高森林蓄积量,从而增加森林生态系统的碳储量;而人为的毁林、森林退化、森林采伐等活动以及人为和自然灾害(如火灾、病虫害、气象和地质灾害等)又会导致森林生物量减少,将森林固定的碳重新释放到大气中。我国的森林资源统计将乔木林、竹林、经济林和国家有特别规定的灌木林,纳入到森林面积的统计范畴,即中国的森林面积在统计上是由乔木林、竹林、经济林、国家特别规定的灌木林组成。

　　河南地处黄河中下游,界于北纬 $31°23'\sim36°22'$、东经 $110°21'\sim116°39'$ 之间,东接安徽、山东,北界河北、山西,西连陕西,南临湖北,呈望北向南、承东启西之势。东西长约 580km,南北相距约 530km。植被大致以伏牛山主脊和淮河干流一线为界,北部为南暖温带落叶阔叶林地带,南部为北亚热带常绿阔叶林地带[65]。北部的太行山、西部的伏牛山及南部的桐柏山和大别山等山区是河南省森林资源的主要分布区,以天然阔叶林为主,平原地区主要是豫东黄淮海冲积平原和南阳盆地。

　　根据《国家森林资源连续清查技术规定》(国家林业局,2014),国家森林资源连续清查以省为单位,原则上每五年复查一次[58]。《第八次全国森林资源清查河南省森林资源清查成果(2013 年)》显示,2013 年,全省土地总面积是 1670 万 hm²,其中林业用地 504.98 万 hm²,占 30.24%,非林业用地 1165.02 万 hm²,占 69.76%。森林面积 359.07 万 hm²,占 67.05%,全省森林覆盖率 21.50%。其中乔木林地面积占 85.04%,灌木林地面积占 16.08%,竹林面积占 0.76%[66]。全省林木蓄积年均净生长量大于年均净消耗量,全省活立木总蓄积呈增长态势。河南省乔木林以柏木、油松、马尾松、火炬松、华山松、黑松、杉木、池杉、栎类、刺槐、枫香、柳树、杨树、泡桐、阔叶混、针阔混、针叶混、其他软阔类、其他硬阔类、其他松类等 20 个树种(组)为主。河南省活立木蓄积动态变化如图 4-38 所示。

　　1.问题识别及系统边界

　　在进行森林采伐或发生毁林的时候,森林生物量损失远远超过森林生物量增加量,此时,森林是 CO_2 的排放源,与之相反,森林生物量增加远远大于损失,则森林是 CO_2 吸收汇。非森林采伐和毁林时,森林一般表现为 CO_2 吸收汇,在有林地转化为非林地过程中森林表现为 CO_2 排放源,如图 4-39 所示。

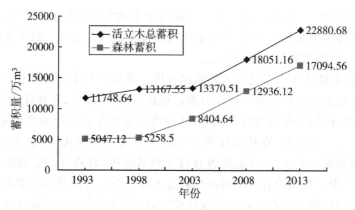

图 4-38　河南省活立木蓄积动态变化图

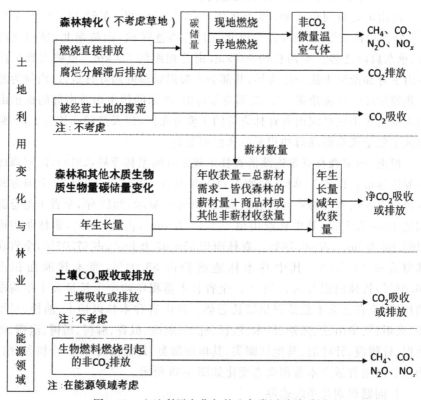

图 4-39　土地利用变化与林业各类活动关系图

　　本部分主要将土林领域系统边界定为两大部分来研究：(1)森林和其他木质生物质生物量碳储量变化碳排放；(2)森林转化碳排放。研究对象为河南省土地利用变化和林业碳排放子系统。为更好研究河南省土林碳排放子系统，本节所建立模型基于以下基本假设：(1)模拟时间段内，暂不考虑草地，经营土地的撂荒(枯死木),也不考虑土壤二氧化碳的吸收或排放。(2)含碳率不分树种,均采用 IPCC 缺省值 0.5。

(1)森林和其他木质生物质生物量碳储量变化。当采取了森林管理措施、对森林进行了采伐活动或森林薪炭材进行采集时,导致的森林生物量碳储量变化,就是森林和其他木质生物质生物量碳储量变化。其中,"森林"包括乔木林(林分)、竹林、经济林和国家有特别规定的灌木林;"其他木质生物质"包括不符合森林定义的疏林、散生木和四旁树。

①乔木林生长生物量碳吸收。乔木林一般指郁闭度大于 0.20,具有直立主干、树冠广阔、成熟植株在 3m 以上的多年生木本植物群落,也包括人工林中达到成林年限生长稳定,但郁闭度达不到 0.20,保存率达到 80% 以上的林分。根据河南省乔木林资源情况,2008 年、2013 年优势树种分别为 22 种、24 种,将 2008 年河南省乔木林优势树种由 22 种优势树种合并为 20 种优势树种(将"湿地松"计入"其他松类","水杉"计入"杉木"),2013 年河南省乔木林优势树种由 24 种优势树种合并为 20 种优势树种(将"落叶松""黄山松"计入"其他松类","楝树"计入"其他软阔类","樟木"计入"其他硬阔类"),最后确定为柏木、油松、马尾松、火炬松、华山松、黑松、杉木、池杉、栎类、刺槐、枫香、柳树、杨树、泡桐、阔叶混、针阔混、针叶混、其他软阔类、其他硬阔类、其他松类等 20 大树种(组),然后依据国家温室气体清单编制指南估算河南省乔木林生物量生长碳吸收。

②竹林、经济林、灌木林生长生物量碳储量变化。竹林指生长有胸径 2cm 以上的竹类植物的林地。

经济林是指种植以用于生产水果、油料、药材或工业原料(除木材)的森林。油桐、文冠果、漆树、乌桕等每亩 450 株以上;各种干鲜果(柿、枣、核桃等)每亩 300 株以上;苹果每亩 750 株以上;葡萄、柞坡等每亩 1500 墩以上。

灌木林指胸径小于 2cm 的小杂竹丛,或矮化了的灌木外形的乔木,覆盖度在 30% 以上的林地。

竹林、经济林、灌木林通常在最初几年生长较为迅速,生长期比较短暂,之后便处于稳定阶段,稳定阶段的竹、经、灌生物量变化较小。在考虑竹、经、灌的碳源碳汇变化量时需要通过竹经灌的面积变化来考虑含碳量的变化,从而得到竹、经、灌的碳源和碳汇作用。

③散生木、四旁树、疏林生长生物量碳吸收。疏林与乔木林类似,但指郁闭度在 0.10～0.19 之间的林地。本系统中考虑散、四、疏碳源和碳汇作用时,考虑散四疏的蓄积量年均增长率来反映散四疏碳吸收的变化。其基本木材密度和生物量转换系数,用全省的加权平均值代替。

④活立木消耗碳排放。活立木林地是指在发生森林采伐或森林火灾

后,3年内由于没有进行人工更新或自然更新过程缓慢,使得采伐和火灾后的林地内的活立木不能达到疏林地标准的林地地上部剩余物分解造成的CO_2排放。本系统在考虑活立木消耗造成的碳排放时,根据活立木(包括乔木林和散四疏)总蓄积量和年均消耗率、全省平均基本木材密度($\overline{SVD}$)和生物量转换系数($\overline{BEF}$)等因素。

(2)森林转化温室气体排放。"森林转化"一般指现有森林的土地利用方式发生了变化,大多数为毁林[67]。在森林转化过程中,森林生物量中的碳通过被燃烧(能源消耗)或缓慢的分解腐殖过程(通常时间较长)转化为CO_2释放到大气中。本部分主要考虑河南省在土地利用发生变化时,即乔木林、竹林、经济林等森林用地转化为农地、牧地、城市用地、道路等非林地的过程中,引起的碳排放。

①森林转化燃烧排放。在森林转化过程中,发生森林燃烧(现地烧山、异地煤炭木材燃烧)带来的碳排放,根据与林业部门和专家沟通讨论的结果,现地烧山的比例约为0,所以不存在森林现地燃烧转化过程,主要是异地煤炭薪材燃烧。

②森林转化分解排放。森林转化分解碳排放,主要考虑燃烧剩余物在腐殖质的作用下缓慢分解引起的生物量转换为CO_2排放。由于过程缓慢,本系统考虑纳入10年平均年转化面积因素指标。

2.因果关系图

土林碳排放子系统因果关系图见图4-40,图中主要回路为:林业活动→＋土地利用变化→－碳排放→＋林业活动。

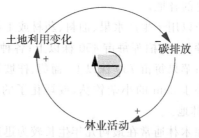

图4-40　土林碳排放子系统因果关系图

3.系统动力学流图

根据系统边界,本简化模型并未完全考虑所有现实因素。土林碳排放子系统流图如图4-41所示。

4.模型变量及方程

(1)变量。土地利用变化和林业碳排放子系统模型中包含时间变量共30个变量,其中状态变量3个,速率变量1个,辅助变量14个,常量12个,整理如表4-34所示。

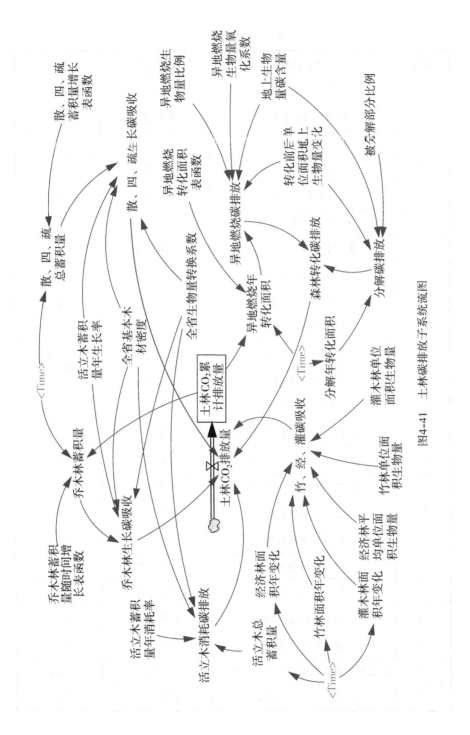

图4-41　土林碳排放子系统流图

表 4-34 模型变量表

序号	变量名称	变量类型	变量单位
1	乔木林蓄积量	状态变量	万 m^3
2	散、四、疏总蓄积量	状态变量	万 m^3
3	乔木林生长碳吸收	辅助变量	万 t
4	活立木蓄积量年生长率	常量	Dmnl
5	全省基本木材密度	常量	t/m^3
6	全省生物量转换系数	常量	Dmnl
7	散、四、疏生长碳吸收	辅助变量	万 t
8	活立木蓄积量年消耗率	常量	Dmnl
9	活立木消耗碳排放	辅助变量	万 t
10	活立木总蓄积量	辅助变量	万 m^3
11	经济林面积年变化	辅助变量	万 hm^2
12	竹林面积年变化	辅助变量	万 hm^2
13	灌木林面积年变化	辅助变量	万 hm^2
14	经济林平均单位面积生物量	常量	t/hm^2
15	竹林单位面积生物量	常量	t/hm^2
16	灌木林单位面积生物量	常量	t/hm^2
17	竹、经、灌碳吸收	辅助变量	万 t
18	森林转化碳排放	辅助变量	万 t
19	分解碳排放	辅助变量	万 t
20	异地燃烧碳排放	辅助变量	万 t
21	分解年转化面积	辅助变量	hm^2
22	被分解部分比例	常量	Dmnl
23	转化前后单位面积地上生物量变化	常量	t/hm^2
24	异地燃烧年转化面积	辅助变量	hm^2

序号	变量名称	变量类型	变量单位
25	异地燃烧生物量比例	常量	Dmnl
26	异地燃烧生物量氧化系数	常量	Dmnl
27	地上生物量碳含量	常量	Dmnl
28	土林 CO_2 排放量	速率变量	万 t
29	土林 CO_2 累计排放量	状态变量	万 t
30	Time	辅助变量	a

(2)常量。全省生物量转换系数。生物量转换系数 BEF 可以分为全林生物量转化系数和地上生物量转化系数[51],全林生物量转换系数因树种的不同而各有差异。河南省的优势树种中杨树、栎类、阔叶混的蓄积量较大,而这三者的 BEF 各文献提供的数据不一致,差别较大。为避免误差,这里取"省级温室气体清单编制指南"中给的河南省的加权平均值,即全林生物量转换系数,取 1.740。

活立木蓄积量年生长率。分别用 2008 年和 2013 年的森林资源连续清查中全林的生长量和活立木蓄积量,根据定义得出 2008 年和 2013 年的乔木林蓄积生长率分别为 12.64% 和 11.72%,取均值是 12.18%。

活立木蓄积量年消耗率。分别用 2008 年和 2013 年的森林资源连续清查中全林的净消耗量和活立木蓄积量,根据定义得出 2008 年和 2013 年的乔木林蓄积消耗率分别为 6.86% 和 5.49%,取均值是 6.18%。

表 4-35 河南省 2008 年、2013 年林木蓄积生长率和消耗率

年份	蓄积量 (百 m³)	总生长量 (百 m³)	生长率 (%)	净消耗量 (百 m³)	消耗率 (%)
2008	1805116.0	223939.0	12.64	131439.0	6.86
2013	2288068.0	249587.0	11.72	157207.0	5.49
均值	—	—	12.18	—	6.18

注:2008 年河南省第七次森林资源连续清查成果第 78 页上的数据,2013 年河南省第八次森林资源连续清查第 108 页上的数据。

表 4-36　河南省十种优势树种的基本木材密度　　单位：t/m³

树种	柏木	黑松	油松	马尾松	华山松	火炬松	其他松	池杉	枫香	阔叶混
基本密度	0.478	0.493	0.360	0.380	0.396	0.424	0.424	0.359	0.598	0.482
树种	杨树	泡桐	杉木	栎类	柳树	软阔类	硬阔类	刺槐	针阔混	针叶混
基本密度	0.378	0.443	0.307	0.676	0.443	0.443	0.598	0.652	0.486	0.405

全省基本木材密度。基本木材密度用于通过蓄积量计算成生物量，是指每立方米木材中的干的物质的质量。本文全省基本木材密度采用了中国林业科学院森林生态环境与保护研究所的相关资料中 20 种优势树种的基本木材密度。其中硬阔类、软阔类取所有硬阔树种、软阔树种的参数的平均值，其他松类取所有松类参数的平均值，针叶混、阔叶混取所有针叶树种、阔叶树种参数的平均值，针阔混取针叶混、阔叶混参数的平均值，详见表 4-36。由表 4-36 及乔木林各优势树种的蓄积量等相关数据，计算出全省基本木材密度（$\overline{SVD}$）加权平均值是 0.4871t/m³。

被分解部分比例。被分解的生物量比例为 15%。

异地燃烧生物量比例。河南地处中原，生活方式接近于北方习惯，估计约 30% 用于薪材异地燃烧。

异地燃烧生物量氧化系数。取自指南缺省值 0.9。

地上生物量碳含量。根据 1996 年 IPCC 国家温室气体清单指南，取缺省值 0.5。

竹林、经济林、灌木林平均单位面积生物量。根据《省级温室气体清单编制指南》，河南省竹林、经济林、灌木林平均单位面积生物量如表 4-37 所示，本文取表中全林值。

表 4-37　地上、地下所占全林比例及平均单位面积生物量 $B_{竹}$、$B_{经}$、$B_{灌}$

单位：t/hm²

	地上部	地下部	全林
$B_{竹}$	45.29	24.64	68.48
$B_{经}$	29.35	7.55	35.21
$B_{灌}$	12.51	6.72	17.99

转化前后单位面积地上生物量变化。按照《省级温室气体清单编制指南》的方法，转化前单位面积生物量（$B_{地上}$）为：$B_{地上} = \dfrac{V_{乔}}{A_{乔}} \times \overline{SVD} \times \overline{BEF_{地上}}$，经计算乔木林、竹林、经济林平均单位面积生物量（地上部分）分别是 32.12、

45.29、$29.35 t/hm^2$。加权平均后地上单位面积生物量为 $31.13 t/hm^2$。我国森林土地利用变化基本上是把森林用地转化为建设用地,建设用地地上部生物量可以看做是 0。因此,转化前后单位面积地上生物量变化取值 $34.15 t/hm^2$。

(3)方程。乔木林生长碳吸收(万 t)=乔木林蓄积量×活立木蓄积量年生长率×全省基本木材密度×全省生物量转换系数×0.5

散生木、四旁树、疏林生长碳吸收(万 t)=散、四、疏总蓄积量×活立木蓄积量年生长率×全省基本木材密度×全省生物量转换系数×0.5

竹林、经济林、灌木林生长碳吸收(万 t)=(经济林面积年变化×经济林平均单位面积生物量)+(灌木林单位面积生物量×灌木林面积年变化)+(竹林单位面积生物量×竹林面积年变化)×0.5/10000

活立木消耗碳排放(万 t)=活立木总蓄积量×活立木蓄积量年消耗率×全省生物量转换系数×全省基本木材密度×0.5

森林转化碳排放(万 t)=分解碳排放+异地燃烧碳排放

异地燃烧碳排放(万 t)=异地燃烧年转化面积×转化前后单位面积地上生物量变化×异地燃烧生物量比例×地上生物量碳含量×异地燃烧生物量氧化系数

分解碳排放(万 t)=分解年转化面积×转化前后单位面积地上生物量变化×被分解部分比例×地上生物量碳含量

土林 CO_2 排放量(万 t)=(活立木消耗碳排放+森林转化碳排放-(乔木林生长碳吸收+散、四、疏生长碳吸收+竹、经、灌碳吸收))×44/12

土林 CO_2 累计排放量(万 t)=INTEG(土林 CO_2 排放量,0)

乔木林蓄积量(万 m³)=IF THEN ELSE(土林 CO_2 累计排放量≥-100,乔木林蓄积量随时间增长表函数(Time),1.2×乔木林蓄积量随时间增长表函数(Time))

乔木林随时间增长表函数(

[(2003,0)-(2033,35000)],(2003,8404.64),(2005.57,5372.81),(2008.23,11359.6),(2010.61,13815.8),(2013.64,14276.3),(2017.59,16578.9),(2022.63,18728.1),(2027.22,21184.2),(2032.82,23486.8))

散、四、疏总蓄积量(万 m³)=散、四、疏蓄积量增长表函数(Time)

散、四、疏增长表函数(

[(2003,0)-(2033,9000)],(2003,4965.87),(2005,5025.54),(2008,5115.04),(2010,5383.46),(2013,5786.12),(2015.75,6236.84),(2020.61,6513.16),(2026.3,6750),(2032.91,6947.37)),单位:Dmnl

活立木总蓄积量(万 m³)=WITHLOOKUP(Time,

（[[(2003,0)－(2033,70000)]],(2003,13370.5),(2005,15242.8),(2008,18051.2),(2010,19983),(2013,22880.7),(2017.22,27017.5),(2021.99,31929.8),(2026.76,35614),(2032.82,40833.3)))

经济林面积年变化(hm^2)＝WITHLOOKUP(Time,

（[[(2003,－4)－(2033,6)]],(2003,－3.934),(2003.92,－3.47368),(2005.02,－3.03509),(2006.12,－2.24561),(2006.94,－1.5),(2008,－0.032),(2013,－0.032),(2014,0.04),(2018,0.04),(2019,0.06),(2020,0.06),(2023,0.06),(2024,0.13),(2025,0.13),(2028,0.16),(2033,0.18)))

竹林面积年变化(hm^2)＝WITHLOOKUP(Time,

（[[(2003,0)－(2033,1)]],(2003,0.064),(2008,0.064),(2009,0.128),(2013,0.128),(2014,0.24),(2018,0.24),(2019,0.36),(2023,0.36),(2024,0.39),(2028,0.39),(2029,0.33),(2033,0.33)))

灌木林面积年变化(hm^2)＝WITHLOOKUP(Time,

（[[(2003,－2)－(2033,2)]],(2003,0.324),(2005,0.324),(2008,0.324),(2009,－0.742),(2013,－0.742),(2014,－0.234),(2018,－0.234),(2019,－0.356),(2023,－0.356),(2024,－0.477),(2028,－0.477),(2029,－0.572),(2029,－0.532),(2033,－0.572)))

分解年转化面积(hm^2)＝WITHLOOKUP(Time,

（[[(2003,0)－(2033,15)]],(2003,2),(2005,3.7),(2008,5.238),(2010.06,6.18421),(2012.54,7.10526),(2016.76,8.11403),(2020.98,9.01316),(2025.66,10),(2032.82,10.9211)))

异地燃烧年转化面积(hm^2)＝IF THEN ELSE(土林 CO_2 累计排放量≥－100,0.7×异地燃烧转化面积表函数(Time),异地燃烧转化面积表函数(Time))

异地燃烧转化面积表函数(

[(2003,0)－(2033,15)]],(2003,2.772),(2008,4.75),(2013,7.704),(2018.23,8.94737),(2021.9,9.67105),(2026.76,10.2632),(2032.91,10.8553)),单位:Dmnl

5. 系统仿真及结果

在 Vensim 仿真程序中,设定河南省农业和土林碳排放系统仿真时间为 2005—2030 年,步长为 5 年,模型中输入上文设定的初始值、参数估计值和方程,运行系统,得到乔木林蓄积量,活立木蓄积量,散、四、疏总蓄积量,森林转化碳排放及土林 CO_2 排放量预测值,如图 4-42、图 4-43、图 4-44、图 4-45、图 4-46 及表 4-38 所示。

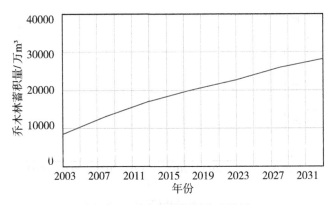

图 4-42　乔木林蓄积量仿真结果

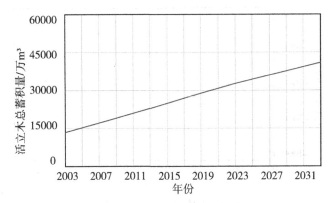

图 4-43　活立木蓄积量仿真结果

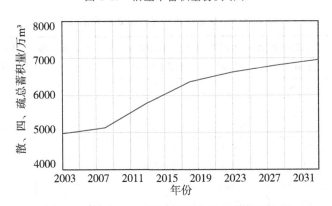

图 4-44　散生木、四旁树、疏林总蓄积量仿真结果

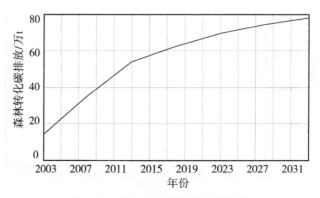

图 4-45 森林转化碳排放仿真结果

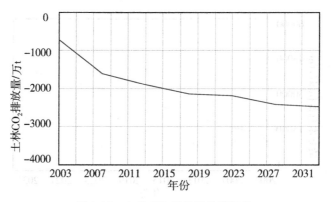

图 4-46 土林 CO_2 排放量仿真结果

表 4-38 土林碳排放子系统仿真结果汇总表

年份	乔木林蓄积量 （万 m³）	活立木蓄积量 （万 m³）	散、四、疏总蓄 积量（万 m³）	森林转化碳排放 （万 t 碳）	土林 CO_2 排放量 （万 tCO_2 当量）
2003	8404.64	13370.5	4965.87	14.0682	−731.509
2008	13010.4	18051.2	5115.04	35.3145	−1616.12
2013	17014.8	22880.7	5786.12	53.9973	−1906.24
2018	20104.8	27820.8	6364.77	62.4563	−2142.17
2023	22711.3	32709.9	6612.64	69.3797	−2183.74
2028	25805.9	36682	6800.76	74.2498	−2415.22
2033	28184.2	40833.3	6947.37	78.0173	−2478.65

6.模型检验

（1）模型有效性检验。在设立方程过程中，已通过 check model 和 check units 检验。选取三个状态变量，即乔木林蓄积量，散、四、疏蓄积量和活立木蓄积量，对比 2003—2013 年仿真值与实际值之间的误差来检验模型准确性,如表4-39所示,可以看出这三个变量的预测误差都不超过10%,有较好的预测效果。

(2)模型灵敏度检验。选2008年和2013年两个时间点,取模型中的状态变量(乔木林蓄积量、散、四、疏蓄积量,活立木蓄积量)和速率变量(土林CO_2排放量)做灵敏度分析。使参数的值增加或减少10%,运行模型,得到系统中状态变量变化量,求变化率,即得到模型系统对所选参数的灵敏度。土地利用和林业碳排放子系统灵敏度分析结果见表4-40和表4-11,灵敏度值均小于0.03,说明系统稳定性较强,满足模拟预测要求。

表 4-39 土地利用变化与林业碳排放子系统仿真历史检验表

年份	项目	乔木林蓄积量 (万 m³)	散、四、疏蓄积量 (万 m³)	活立木蓄积量 (万 m³)
2003	实际值	8404.64	4965.87	13370.51
	预测值	8404.64	4965.87	13370.51
	误差	0.00%	0.00%	0.00%
2008	实际值	12936.12	5115.04	18051.16
	预测值	13010.4	5115.04	18051.2
	误差	0.05%	0.00%	0.00%
2013	实际值	17094.92	5786.12	22880.68
	预测值	17014.8	5786.12	22880.7
	误差	0.05%	0.00%	0.00%

表 4-40 2008 年灵敏度检验

参数	乔木林蓄积量随 时间增长表函数	异地燃烧 生物量比例	竹林面积 年变化	分解年转化 面积
乔木林蓄积量	0.0299	0.0000	0.0000	0.0000
散、四、疏蓄积量	0.0021	0.0003	0.0042	0.0007
活立木蓄积量	0.0002	0.0052	0.0000	0.0000
土林 CO_2 排放量	0.0296	0.0275	0.0137	0.0072

表 4-41　2013 年灵敏度检验

参数	乔木林蓄积量随时间增长表函数	异地燃烧生物量比例	竹林面积年变化	分解年转化面积
乔木林蓄积量	0.0273	0.0000	0.0000	0.0000
散、四、疏蓄积量	0.0009	0.0001	0.0057	0.0033
活立木蓄积量	0.0007	0.0042	0.0038	0.0016
土林 CO_2 排放量	0.0285	0.0196	0.0058	0.0029

4.2.3　模型分析

4.2.3.1　分领域碳排放分析

工业领域。根据仿真结果可知,2005 年到 2029 年,河南省工业增加值由 4923 亿元增长到 21985.5 亿元,工业能源消费需求由 11485 万 t 标煤增长到 26634.9 万 t 标煤,工业 CO_2 排放量由 29482 万 tCO_2 当量(ce)增长到 63940.7 万 t ce,工业碳排放强度由 6 万 t/亿元下降到 2.91 万 t/亿元,下降率达到 51.4%。从趋势分析,河南省工业增加值、工业能源消费需求、工业 CO_2 排放量在 2010—2016 年间暂时出现不增长甚至下降的趋势,分析原因是由于 2010—2016 年间经济衰退,工业发展缓慢,工业增加值平稳浮动,能源消费需求也随之保持平稳趋势,最终导致这期间二氧化碳排放量也呈平稳态势。2017 年以后工业增加值、工业能源消费需求、工业 CO_2 排放量等随着经济好转,逐渐呈上升趋势。从工业碳强度来看,截至 2015 年工业碳排放强度比 2005 年下降了约 50%,下降趋势明显,这与河南省这些年大力调整产业结构有很大关系,但同时随着产业结构调整逐渐进入瓶颈期,工业碳排放强度下降由快至慢,由紧趋缓,距离下降 60%～65% 的目标还有一定差距,基于此,可以从加大碳排放强度目标约束、降低能源消耗和增加工业增加值方面调控,以达到工业低碳新格局。

商用和民用领域。根据仿真结果可知,河南省商民用电量、用气量、能源消耗量、CO_2 排放量分别由 2005 年的 203.38 亿 kW・h、5.33 亿 m³、3378.26 万 t 标煤、3959.61 万 t ce 上升到 2029 年的 1022.25 亿 kW・h、47.5285 亿 m³、12661.5 万 t 标煤、8500.76 万 t ce,上升趋势明显;居民生活用煤由 1230.09 万 t 原煤下降到 136.474 万 t 原煤,下降趋势明显。分析原因,是由于随着居民生活水平的提高和城镇化率的上升,以及城市基础设施供气管网的完善,人均居民生活用电量和用气量越来越大;而煤炭由于散煤管控力度逐渐加大和城镇化率越来越高,居民生活用煤直线下降。且由于电力在居民生活能源消耗中占绝大部分,因此商用和民用能源消耗和CO_2排放呈上升趋势。

交通领域。根据仿真结果可知,河南省交通运输工具中,公交车数量由2005年的13213辆增长到2029年的24937辆,公交车数量在2005—2007年数量几乎维持不变,2008—2023年由于城镇化率的提高、公共出行的倡导和城市功能的完善,公交车数量上升趋势明显,2024年后逐渐进入公交车数量饱和期。出租车数量由2005年的52744辆下降到2007年的45702辆后数量维持平稳状态,到2029年的46206辆期间变化不大,其中2005—2007年出租车数量出现直线下降是由于出租车市场调整导致的。私家车数量由2005年的61.42万辆增长到2019年的5832.68万辆,私家车数量在2005—2013年上升趋势较为平缓,2014年后随着居民生活水平的提高呈近乎直线上升的趋势。私家车出行成为居民出行主要方式,导致交通能源消耗和交通CO_2排放量也随之增长,分别由2005年的173.194万t标煤、450.532万t ce增长到2029年的11889.9万t标煤、30929.2万t ce。

农业和土林领域。根据仿真结果可知,随着生态红线的划定、节能减排绿色地球及大气污染防治工作的开展,河南省乔木林蓄积量、活立木蓄积量、散四疏蓄积量及活立木消耗碳排放、森林转化碳排放呈逐渐上升趋势,分别由2003年的8404.64万m^3、13370.5万m^3、4965.87万m^3、405.919万t碳、14.0682万t碳上升到2033年的28184.2万m^3、40833.3万m^3、6947.37万m^3、999.786万t碳、78.0173万t碳。但总体碳排放逐渐减少,由2003年的—731.509万t ce下降到2033年的—2478.65万t ce,即碳吸收逐渐增加。

4.2.3.2　全社会碳排放分析

调整土林碳排放子系统模型模拟时间为2005—2030年,步长为2年,运行Vensim,得到农业和土林碳排放子系统CO_2排放量,与工业、商民、交通运输碳排放子系统能源消耗、CO_2排放量汇集结果见表4-42、表4-43、图4-47、图4-48。本文暂不考虑各领域间复杂关系,计算河南省全社会碳排放为工业、商民、交通、农业和土林四个子系统模型运行结果的简单加和。由图表可以看出,河南省全社会能源消耗由2005年的15036.454万t增长到2029年的51186.3万t,年均增长5.02%,全社会CO_2排放量由2005年的33696.697万t ce增长到2029年的100947.3万t ce,年均增长4.49%。

表 4-42　全社会能源消耗结果汇总表

年份	工业能源消耗（万 t 标煤）	商民能源消耗（万 t 标煤）	交通能源消耗（万 t 标煤）	全社会能源消耗（万 t 标煤）
2005	11485	3378.26	173.194	15036.454
2007	14629.1	3998.71	257.224	18885.034
2009	16644.8	5109.08	416.172	22170.052
2011	18567	7053.1	665.846	26285.946
2013	17718.4	7573.15	1046.94	26338.49
2015	17806	8762.14	1612.02	28180.16
2017	18503.4	9656.68	2433.59	30593.67
2019	20630.9	10224.2	3557.24	34412.34
2021	22512.6	10709	5126.63	38348.23
2023	23664.1	11200.8	7204.35	42069.25
2025	24633.2	11696.2	9460	45789.4
2027	25617.7	12194.3	11057.3	48869.3
2029	26634.9	12661.5	11889.9	51186.3

表 4-43　全社会碳排放结果汇总表

年份	工业 CO_2 排放量(万 t)	商民 CO_2 排放量(万 t)	交通 CO_2 排放量(万 t)	农业和土林 CO_2 排放量(万 t)	全社会 CO_2 排放量(万 t)
2005	29482	3959.61	450.532	−195.445	33696.697
2007	36788.2	4212.39	669.119	−1014.33	40655.379
2009	42102.1	4910.65	1082.59	−1766.33	46329.01
2011	47190.6	6086.5	1732.07	−1999.29	53009.88
2013	45222.2	5898.32	2723.41	−1906.24	51937.69
2015	45601.4	6510.63	4193.36	−2013.92	54291.47

续表

年份	工业 CO_2 排放量(万 t)	商民 CO_2 排放量(万 t)	交通 CO_2 排放量(万 t)	农业和土林 CO_2 排放量(万 t)	全社会 CO_2 排放量(万 t)
2017	47441.3	6958.57	6330.53	−2116.84	58613.56
2019	52816	7210.9	9253.49	−2140.17	67140.22
2021	57310.3	7431.59	13336	−2146.25	75931.64
2023	59709.5	7682.54	18710.7	2183.74	83949
2025	61319.9	7953.49	24608.4	−2289.26	91592.53
2027	62692.5	8235.93	28763.4	−2393.78	97298.05
2029	63940.7	8500.76	30929.2	−2423.32	100947.34

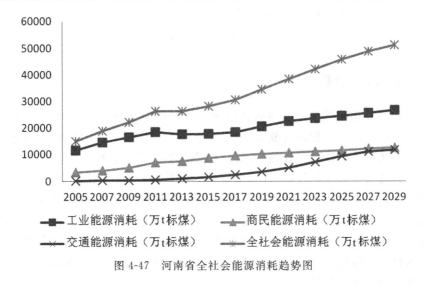

图 4-47　河南省全社会能源消耗趋势图

4.3　河南省碳排放峰值模型情景分析

以上部分构建了河南省工业、商民、交通、农业和土林四个领域碳排放系统动力学模型,并验证了其准确性和稳定性。本部分将通过设置不同的情景方案,利用该四个模型对河南省 2005—2030 年间的工业、商民、交通、农业和土林四个领域碳排放做情景分析。

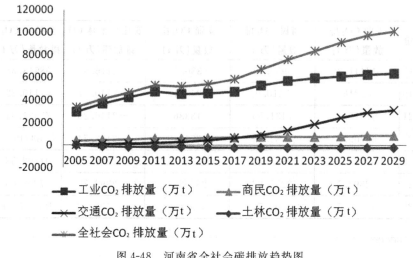

图 4-48 河南省全社会碳排放趋势图

4.3.1 情景设计

在部分构建的四个领域碳排放子系统模型中分别考虑到 2030 年单位国内生产总值二氧化碳排放比 2005 年下降 60％～65％的目标约束到各领域子系统中去,以进行河南省碳排放峰值预测的情景分析。由于河南省各领域碳排放子系统都是动态的,变量指标数据实时变化,对于 2017 年以后的变量指标的取值无法凭空预测,因此,需要通过合理地控制参数的变化,通过改变参数取值来进行河南省碳排放峰值情景模拟的分析。根据系统动力学中改变参数取值的原则和河南省碳排放下降目标约束以及河南省各领域碳排放实际情况,本文分别选取工业、商民、交通、土林四个领域的以下变量来调控以进行情景分析:

工业领域:(1)工业碳排放强度目标值;(2)工业能源增长速率;(3)技术进步影响因子;(4)工业增加值增速。

商民领域:(1)用电量随人口增长率;(2)居民用电量上限。

交通领域:私家车保有量增长率。

土林领域:乔木林蓄积量随时间增长率。

表 4-44　不同情景河南省碳排放系统调控参数取值

序号	参数	现情景	强约束情景
1	碳排放强度目标值/%	3	4
2	能源增长速率/%	随时间推移,逐渐增大	同现情景,略低
3	技术进步影响因子/Dmnl	随时间推移,逐渐增大	同现情景,略高
4	工业增加值增速/(亿元/a)	随时间推移,逐渐增大	同现情景,略低
5	居民用电量上限/(亿 kW·h)	6200	5000
6	用电量随人口增长率/(kW·h/人)	随人口增长,逐渐增大	同现情景,略低
7	私家车保有量增长率/%	随时间推移,逐渐增大	同现情景,略低
8	乔木林蓄积量随时间增长率/%	随时间推移,逐渐增大	同现情景,略高

根据国家和河南省碳排放下降目标要求,通过合理改变以上选定的各领域变量值,反复运行试验调节参数值,观察各领域结果变化后,确定河南省低碳发展的不同情景方案两种,即现情景和强约束情景。现情景是结合河南省实际,以目前的经济发展和宏观调控水平下的河南省各领域碳排放结果走势,是仿真结果的对照情景;强约束情景是在现情景的基础上,考虑2030 年比 2005 年碳排放强度下降 60%～65% 的目标,在现情景的基础上加强各领域与碳排放有关的各项指标约束,如工业领域加强技术进步、降低工业碳排放强度目标值,土林领域增加乔木林蓄积量等。经过反复实验改变各领域所选定的参数值,本文确定现情景和强约束情景下各领域所选定参数值的改变情况见表 4-44。

4.3.2　能耗和排放对比分析

强约束情景下运行模型得到结果后,对比现情景结果,发现随着碳排放目标、工业经济、居民生活水平、森林绿化等影响参数的改变,强约束情境下碳排放结果与现情景下结果不同。四领域能源消耗、CO_2 排放量以及工业碳排放强度对比结果见图 4-49、图 4-50、图 4-51、图 4-52、图 4-53、图 4-54、图 4-55、图 4-56。

由图可知,强约束情景下,到 2029 年,河南省工业、商民、交通能源消耗分别为 25021.1、11321.1、9668.54 万 t 标煤,对比现情景的 26634.9、12661.5、11889.9 万 t 标煤均有下降,其中,以交通能源消耗量下降幅度最大,工业能源消耗量下降幅度最小,说明交通领域节能减排空间较大,工业领域节能减排空间小压力大。2029 年,河南省工业 CO_2 排放量、商民 CO_2 排放量、交通 CO_2 排放量、土林 CO_2 排放量分别由现情景的 63940.7、8500.76、30929.2、−2423.32 万 t ce 下降到强约束情景的 60066.7、7621.34、25150.9、−2618.82 万 t ce,其中,以交通 CO_2 排放量下降幅度最大,工业 CO_2 排放量下降幅度最小。

　　从两个情景下系统的模拟结果可以看出,强约束情景的 CO_2 排放量要低于现情景的 CO_2 排放量。分析原因,主要是碳排放目标的提高,节能减排力度更加加大,高新技术提高幅度变大,化石能源消耗减小,工业经济占比下降等调整引起的。随着技术进步,工业生产单位能耗越来越小,能源利用效率越来越大,利用更加充分,能源浪费逐渐减小等会引起单位能源 CO_2 排放的降低。化石能源消费量的下降,非化石能源消费量的增加,会使社会能源消耗减少,同时减少由能源消耗引起的 CO_2 排放量。随着绿色低碳理念的宣传深入人心,公共机构、居民生活和出行过程中注意节能减排,减少照明、电器的待机能耗,降低生活用电,公共交通出行方式的推广,私家车数量的非无限制增长,带来交通出行化石能源消耗减少,从而降低居民生活交通运输 CO_2 排放量。植树造林行动的实施,生态红线的划定,遏制森林砍伐,会引起森林蓄积量增加,从而导致森林碳汇的增加。CO_2 排放源的减少,汇的增加,会导致河南省全社会 CO_2 排放量的下降,从而促使河南省 CO_2 排放总量的早日达峰,实现国家所设定的 2030 年碳排放强度比 2005 年下降60％～65％。

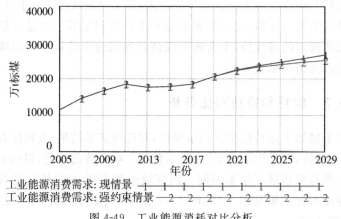

图 4-49　工业能源消耗对比分析

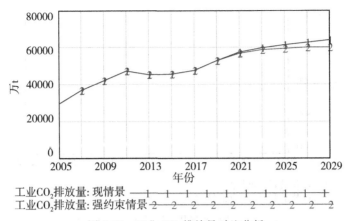

图 4-50　工业 CO_2 排放量对比分析

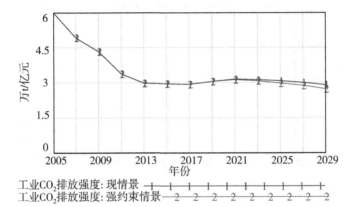

图 4-51　工业碳排放强度对比分析

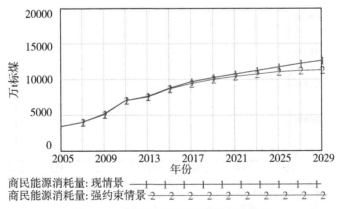

图 4-52　商用和民用能源消耗对比分析

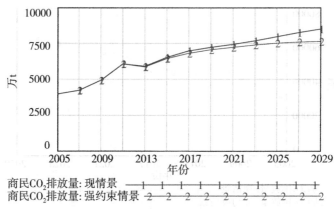

图 4-53　商用和民用 CO_2 排放量对比分析

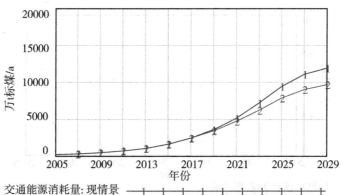

图 4-54　交通能源消耗对比分析

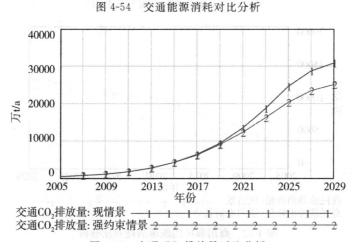

图 4-55　交通 CO_2 排放量对比分析

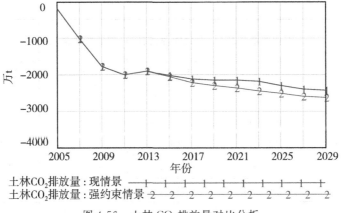

土林CO_2排放量:现情景
土林CO_2排放量:强约束情景

图 4-56　土林 CO_2 排放量对比分析

4.3.3　综合对比分析

强约束情景下,各领域能源消耗和 CO_2 排放量见表 4-45、表 4-46。现情景和强约束情景全社会能源消耗和 CO_2 排放对比见图 4-57、图 4-58。由图表可以看出,现情景下,到 2029 年河南省全社会能源消耗达到 51186.3万 t 标煤,CO_2 排放量达到 33696.697 万 tCO_2 当量,能源消耗量和 CO_2 排放量依然处于上升的趋势;在强约束情境下,到 2029 年河南省全社会能源消耗达到 46010.74 万 t 标煤,CO_2 排放量达到 90220.12 万 tCO_2 当量,能源消耗和 CO_2 排放量增长趋势趋于平缓,认为达到峰值附近。从对比可以看出,强约束情景下能源消耗和 CO_2 排放从 2021 年左右开始低于现情景能源消耗和 CO_2 排放,到 2029 年,强约束情景下全社会能源消耗对比现情景全社会能源消耗下降了 11.25%,强约束情景下全社会 CO_2 排放量对比现情景全社会 CO_2 排放量下降了 11.89%。分析原因,由于经济衰退到复苏过程较为缓慢,且各领域节能减排逐渐进入瓶颈期,因此,参数调整后,能耗和 CO_2 排放量变化在时间和强度上虽都较为微小但也有一定效果显现。

表 4-45　强约束情景能源消耗仿真结果汇总表　　　　单位:万 t 标煤

年份	工业能源消耗	商民能源消耗	交通能源消耗	合计
2005	11485	3378.26	173.194	15036.454
2007	14629.1	3992.61	257.224	18878.934
2009	16644.8	5090.4	416.172	22151.372
2011	18567	7004.15	665.846	26236.996

续表

年份	工业能源消耗	商民能源消耗	交通能源消耗	合计
2013	17718.4	7506.54	1046.94	26271.88
2015	17806	8663.26	1612.02	28081.28
2017	18503.4	9435.03	2386.24	30324.67
2019	20630.9	9961.78	3439.32	34032
2021	22338.6	10407.9	4742.36	37488.86
2023	23248.6	10748.6	6236.41	40233.61
2025	23929.9	11032.5	7838.66	42801.06
2027	24530.2	11242.1	9044.97	44817.27
2029	25021.1	11321.1	9668.54	46010.74

表 4-46　强约束情景 CO_2 排放量仿真结果汇总表

单位：万 tCO_2 当量

年份	工业 CO_2 排放量	商民 CO_2 排放量	交通 CO_2 排放量	土林 CO_2 排放量	全社会 CO_2 排放量
2005	29482	3959.61	450.532	−195.445	33696.697
2007	36788.2	4208.39	669.119	−1014.33	40651.379
2009	42102.1	4898.39	1082.59	−1766.33	46316.75
2011	47190.6	6054.38	1732.07	−1999.29	52977.76
2013	45222.2	5854.62	2723.41	−1906.24	51893.99
2015	45601.4	6445.77	4193.36	−2050.57	54189.96
2017	47441.3	6813.15	6207.35	−2207.39	58254.41
2019	52816	7038.72	8946.74	−2292.93	66508.53
2021	56867.4	7234.03	12336.4	−2364.71	74073.12
2023	58661.3	7385.88	16222.8	−2444.7	79825.28
2025	59569.2	7518.06	20390.8	−2515.15	84962.91
2027	60031.2	7611.26	23528.8	−2584.59	88586.67
2029	60066.7	7621.34	25150.9	−2618.82	90220.12

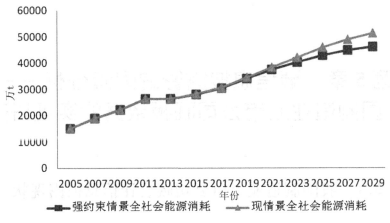

图 4-57　全社会能源消耗情景对比

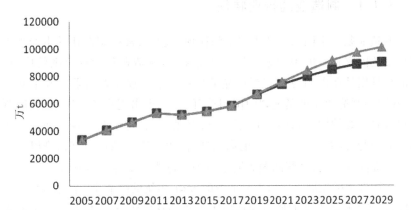

图 4-58　全社会 CO_2 排放量情景对比

第5章 碳信息披露影响因素分析——中国制造业上市公司面板数据的实证研究

5.1 我国制造业上市公司碳会计信息披露现状

5.1.1 制造业的行业特征

制造业是一个国家生产力水平的体现,人们通常用制造业的生产水平来区分发达国家和发展中国家。从广义上来说,制造业包含的范围较广,包括食品和日用品在内的各类有形产品的生产行业都属于制造业。改革开放以来,我国的制造业发展迅速,"中国制造"的标签也出现在各个国家,我国制造业保持着良好的增长态势。但是随着经济的增长,传统制造业也面临着越来越多的问题,例如:生产过程中的高消耗、由生产造成的环境高污染以及消费者需求提高等问题,这些问题表明了我国制造业需要转型的迫切性。

中国经济的发展主要依赖制造业的拉动,传统的制造业只注重经济发展的速度,忽略了经济发展的质量而造成了严重的环境污染,人们也逐渐地意识到以资源的高消耗和牺牲环境为代价换来的经济增长并不是可持续的。随着生产力的发展和技术的革新,我国的制造业也逐步向绿色低碳、智能制造的服务型行业转型,这就要求企业在进行信息披露的时候需要把企业的碳排放信息对外披露,根据碳排放信息做出合理的发展策略,以促进企业的可持续发展。

5.1.2 我国制造业上市公司碳会计信息披露现状

本文选取沪深两市 A 股制造业上市公司 2014—2016 年间连续三年披露社会责任报告的公司作为研究样本,沪深两市 A 股制造业上市公司有2165 家,经筛选符合条件的公司有 176 家。由于碳会计在我国发展得并不成熟,而且我国对碳会计信息的披露没有统一的标准要求,所以本文研究所需要的公司碳会计信息披露指数都是从企业的社会责任报告中手工收集而得到。本文以这些样本公司为研究对象,对碳会计信息披露的内容和形式以及存在的问题进行分析。

5.1.2.1 我国制造业上市公司碳会计信息披露内容

本文通过对收集的项 176 家样本进行整理发现,企业碳会计信息的披露内容主要包括五大项目十个具体的项目说明详见第 4 章对被解释变量的定义,五大项目包括碳排放目标、碳排放战略、碳减排实施方法、碳排放核算、碳排放责任,各具体项目每年的披露情况见表 5-1。从表 5-1 中可以看出,近三年来企业对碳会计信息的披露变化较为稳定,其中对是否存在低碳管理战略说明、是否对低碳科技进行了相关的研发与投入,以及是否对企业碳排放物的种类和数量的披露较多,其中对是否存在低碳管理战略说明的披露次数最多分别为 135 次、139 次、131 次,这说明在政府的号召下企业也越来越重视对低碳的管理。同时,企业对节能减排政策的重视使得企业在对低碳科技的研发与投入、企业碳排放物的种类和数量以及企业对有害气体排放的披露也较多。从表 5-1 披露的内容来看,企业在披露时往往会选择较为容易获得的信息进行披露,企业对碳排放核算方法的披露最少,分别为 8 次、5 次、7 次,这可以看出大多企业对碳排放没有制定核算标准;企业对员工的低碳培训以及因破坏环境而缴纳的罚款的披露相对较少,这说明企业对环境保护的重视程度有待加强。企业对碳会计信息的不对称披露会误导信息使用者对企业碳信息的使用和判断。

表 5-1 制造业上市公司碳会计信息披露情况统计表

披露项目	项目说明	样本量/家	2014 年		2015 年		2016 年	
			数量/家	占比/%	数量/家	占比/%	数量/家	占比/%
碳排放目标	是否披露了企业的碳排放目标	176	62	35.23	57	32.39	57	32.39
碳排放战略	是否存在低碳管理战略说明	176	135	76.70	139	78.98	131	74.43
	因发展低碳经济获得的各类效益的披露	176	51	28.98	42	23.86	46	26.14
碳减排实施方法	是否对低碳科技进行了相关的研发与投入	176	100	56.82	99	56.25	101	57.39
	是否对职工进行了低碳理念的培训	176	45	25.57	47	26.70	44	25.00
	是否披露了企业低碳项目的开发及运行行为	176	95	53.98	104	59.09	98	55.68

续表

披露项目	项目说明	样本量/家	2014 年		2015 年		2016 年	
			数量/家	占比/%	数量/家	占比/%	数量/家	占比/%
碳排放核算	是否披露了企业碳排放物的种类、数量	176	100	56.82	94	53.41	94	53.41
	是否披露了企业碳排放的核算方法	176	8	4.55	5	2.84	7	3.98
碳排放责任	企业是否披露了有害气体的排放	176	77	43.75	80	45.45	89	50.57
	企业是否披露了因破坏环境而缴纳的罚款	176	33	18.75	35	19.89	32	18.18

5.1.2.2 我国制造业上市公司碳会计信息披露形式

在收集数据研究过程中发现,我国制造业上市公司碳会计信息披露的主要形式是在年度财务报告或社会责任报告上披露,还有少部分公司发表在环境报告和可持续发展报告中,其中有 1 家公司连续三年发布了环境报告、2 家公司连续三年发布了可持续发展报告。可以看出,企业碳会计信息披露的形式也具有多样性。

从披露的形式上来看,目前国际上的披露形式一般有以下四种:(1)对碳会计信息编制独立的报告;(2)在现有会计科目的基础上增设碳会计科目,像核算资产、负债和所有者权益一样来核算碳会计信息;(3)不单独设置碳会计科目,把碳信息在传统的会计科目中反映,如与碳相关资产反映在资产中;(4)发布社会责任报告。编制独立的报告容易操作,且反映信息清晰,但从上文对碳会计内容的分析可知,我国对员工低碳培训的普及率不高,缺乏专业的人来编制独立的报告;增设碳会计科目的方法虽然能清楚地看出与碳相关的信息变化,但需要引入新的要素,短时间内难以实现;第三种和第四种方式目前在我国采用得较多,但其披露方式不规范,不便于信息使用者的使用。结合我国碳会计发展的阶段,建议推广使用第一种和第三种方式对碳会计信息进行披露。

5.1.2.3 我国制造业上市公司碳会计信息披露的问题及分析

1.碳会计信息披露缺乏相应的法律法规制度的约束

关于环境保护我国现有的法规主要是强调企业的污染治理和相应的收

费标准,专门针对碳会计信息披露的法规少之又少,对于碳会计的确认、计量、报告和信息披露等方面的规定没有统一的标准,导致企业碳会计信息披露也缺乏相应的规范。我国还没有出台具体的关于碳会计信息披露的法律法规,上市公司也缺乏相对完善的碳会计信息披露制度指导,这就使得企业碳会计信息披露的内容不完善,披露的方式也不太合规,不能满足企业管理者决策的需要。

造成企业碳会计信息披露相关法规不完善的原因主要有以下两方面:一是碳会计这个概念是近几年才被提出来的,它来源于环境会计,在我国处于初步阶段,还没有相应的法规来规范企业碳会计信息的披露;二是一套成熟的法规体系需要经过长时间的研究才能制定出来,随着科技的发展和人们对环境保护的重视,碳会计信息披露相关的法规制度也会逐渐完善。

2.碳会计信息披露的内容不全面

作者在统计制造业上市公司的社会责任报告中发现,我国制造业碳会计信息披露具有较大的随意性,没有统一的标准规范,同一行业内的信息披露也有很大的差别,这就使得行业内的碳会计信息披露缺乏可比性。大多数公司为了维护公司的形象,根据自身的情况进行碳会计信息披露,这就使得碳会计信息披露得不完整,不利于企业内部管理者和外部监督者信息的使用。比如,有些公司在低碳减排的措施上做了大篇幅的描述,但是对低碳设备和低碳项目运行的相关描述较少;有些公司对因破坏环境所缴纳的费用上的描述不够详细。而且,通过查看各公司的社会责任报告发现,大多数公司对碳会计信息的说明并不够详细,对于碳排放的核算也没有制定较为详细的标准,使得碳会计的信息使用者无法对公司的低碳绩效做出准确的判断。碳信息披露内容的不全面也影响了碳信息的准确性。

3.碳会计信息披露的企业比例较低

本文选取 2014—2016 年间连续三年披露企业社会责任报告的公司为样本,2014—2016 年沪深两市 A 股制造业上市公司共有 2165 家,经筛选后,符合条件的公司仅有 176 家,所占比例为 8%,即使加上不符合筛选条件的披露碳会计信息的制造业上市公司也只有 200 多家,由此可以看出,制造业上市公司中披露碳会计信息的公司所占的比例较低。本文认为出现这种情况的原因主要是:政府没有出台相关的法律法规,对碳会计信息披露的优惠政策也很少,对于企业造成的污染政府主要采取的是惩罚手段,加之企业又比较重视企业的形象,在进行信息披露时就会对碳会计信息进行隐瞒,这就导致了企业碳会计信息披露的比例总体偏低的情况。

5.2 理论分析与研究假设

5.2.1 财务特征影响因素分析

5.2.1.1 盈利能力

在所有的行业中,制造业由于重污染行业的存在,通常被认为是污染较严重的行业,其生产过程对环境产生了较大的影响,若制造业企业在生产过程中没有注重对环境的保护,将会影响企业的可持续发展。一般而言,企业的投资者比较关注企业未来的发展能力,所以,制造业上市公司要更加重视公司对环保的投入力度,以保障企业的可持续发展。利益相关者获得公司碳排放信息的途径主要是通过查看公司对外披露的社会责任报告,所以公司要重视碳会计信息和相关环保投入情况的披露。盈利能力体现了企业的经营业绩,一般来说,经营业绩良好的企业会更加重视对低碳技术的更新和设备的改造,为了营造良好的社会形象,盈利能力强的制造业上市公司会更加主动地对外披露碳排放信息,以此来获得公众更多的认可,从而筹集更多的资金,扩大企业的经营范围。而经营业绩不好的企业,会把重心放在提高企业的经营利润上,对环境问题的关注较少,同时对公司碳会计信息的披露也较少。汤亚莉、陈自力、刘星等研究发现企业的净资产收益率与环境信息披露显著正相关[68]。因此,本文提出第一个假设:

假设一:盈利能力越强的企业,碳会计信息披露的水平越高。

5.2.1.2 发展能力

发展能力从动态的角度反映了企业的财务绩效,企业的发展是一个动态的过程,而发展能力是在企业每一个阶段的生产经营过程中被逐步积累的。对企业的发展能力进行衡量能够看出一个企业未来的可持续发展状况,发展能力较强的企业会更加关注企业未来的可持续发展,同时也会承担更多的社会责任,对环境问题也较为关心。发展能力强的企业对自身发展的要求较高,会更加主动地披露企业碳排放物的种类和数量以及在生产经营过程中对环境造成的污染,以此来树立良好的企业形象;而发展能力较弱的企业则更注重企业在同行竞争中的生存状况,承担的社会责任相对较少,对企业碳会计信息的披露也较少。谢慧珍研究发现发展能力强的企业更愿意披露环境会计信息[69]。基于此,本文提出第二个假设：

假设二：发展能力与企业碳会计信息披露水平呈正相关关系。

5.2.1.3 偿债能力

偿债能力是指企业到期用资产偿还长期债务和短期债务的能力。企业到期能否偿还债务反映了企业的财务状况和经营状况，一般来说，偿债能力越强的企业有着较高的社会信用，受到的来自债权人的压力较小，企业的生产经营压力也较小，企业在生产过程中对其由碳排放引起的环境问题的关注也较少，企业碳会计信息的披露水平相对较低。而偿债能力较弱的企业，在生产过程中受到的来自债权人和政府的压力较大，相比较偿债能力强的企业来说，这类企业在生产过程中会加大对环境的保护，重视企业的社会形象，以获得债权人对企业的认可，该类企业对其碳会计信息的披露水平较高，披露内容也更为全面。李力、刘全齐、常凯研究发现企业的财务杠杆与碳会计信息披露水平呈负相关关系，他们认为资产负债率高的企业偿债能力较低，这类企业通常会更加关注其碳会计信息的披露情况[70]。因此提出本文的第三个假设：

假设三：偿债能力越强的企业其碳会计披露水平越低。

5.2.2 公司特征影响因素分析

5.2.2.1 公司规模

公司规模对碳会计信息披露的影响主要为两个方面：一是就制造业上市公司本身来说，其规模越大消耗的资源也就越多，也就更容易产生环境污染，在企业自身的发展过程中，需要承担的社会责任也就越大。同时，规模较大的制造业能获得更多地社会关注，受到的来自公众监督的压力较大，来自各方面的压力就会使得大规模公司更加重视自身的形象，也会主动承担起社会责任，从而就会更多地对外披露碳排放信息和社会责任的履行情况。二是规模越大的公司得到的政府和社会监督的力度也越大，政府对大规模上市公司碳信息披露的监管更为严格，这就使得规模较大的公司更为积极地对外披露社会责任报告。规模较大的公司在进行生产经营时，所需要的经营资金也较多，公司需要营造良好的企业形象来筹集充足的资金。

另外，根据利益相关者理论，企业发展的目标是实现社会价值的最大化，企业的社会价值不仅包括企业的经营业绩还包括企业对社会履行的责任。一般情况下，大规模的公司服务的范围较广，能为社会提供更多的商品和服务,同时获得的社会关注也较多,相应的社会责任也就越大,也就越需要把其低碳减排的信息完整地对外披露,这样也有利于公司获得更多的资金来开展更多的经营业务。张俊瑞、郭慧婷、贾宗武等[71]和郑春美、向淳[72]发现公司规模是影响上市公司环境信息披露的主要因素之一,他们认为较大的公司规模能够有效地促进公司进行碳信息披露。因此,本文提出第四个假设:

假设四:公司规模与碳会计信息披露水平呈明显的正相关关系。

5.2.2.2　股权性质

根据国家入股的区别,可以将制造业上市公司分为国有控股公司和非国有控股公司,国有控股公司在发展过程中没有太大的经营压力,会更多地关注环境保护,因而也会较为完善地披露碳排放信息。在经济的发展中,国有控股的企业往往承担着更多的社会责任,它们的经营发展大多是依靠政府的扶持,与非国有控股企业相比,它们在发展过程中对经济利益的追求并不明显。一方面人们对国有控股企业的关注较其他企业而言较多,国有控股企业在发展过程中更需要披露其相关碳排放信息;另一方面,就国有控股企业自身来说,它们也承担着保护环境的责任,需要对外披露较为完整的碳排放信息。王薛祺研究发现国有控股公司的碳会计信息披露水平高于非国有控股公司[73]。在此本文提出第五个假设:

假设五:国有控股的公司碳会计信息披露水平较高。

5.2.2.3　行业类型

制造业中由于重污染行业的存在,往往被人们看成是污染环境的主要行业,重污染行业在生产过程中会向大气中排放较多的污染物,严重影响着环境的质量,但不可忽视的是,对环境产生的影响同时也影响了人们的生活质量,人们对自己生存环境的要求也越来越高。因此,重污染行业在发展过程中就承担了较多的社会压力,来自政府和公众等各方面的压力使得重污染行业会更加重视自身碳排放信息的披露。由于行业性质的特殊性,重污染行业在生产发展的过程中,往往更容易受到环保部门的监督,就企业自身来说,重污染的上市公司会积极开发一些节能减排的新项目,也会更加注重对自身技术的革新,积极研发新技术以降低污染的排放、提高对资源的利用率。重污染行业为了向利益相关者展示其对环境保护的重视,以获得更多的资金支持,环境污染严重的企业会更加重视其碳会计信息的披露。相比较重污染行业的上市公司,非重污染行业的上市公司对环境产生的影响较小,所承受的社会压力也较小,企业对其碳会计信息的披露也会相对较少。

高美连、石泓(2015)研究发现,行业类型对碳会计信息披露水平有显著的相关关系,重污染行业的碳会计信息披露水平高于非重污染行业[74]。据此本文提出第六个假设:

假设六:行业类型与碳会计信息披露水平有明显的关系,即重污染行业的碳会计信息披露水平较高。

5.2.3　样本选取和数据来源

本文选取深沪两市 A 股制造业上市公司 2014—2016 年连续三年披露社会责任报告的公司为样本,按照以下条件进行筛选:一是考虑到影响企业碳会计信息披露的主要因素,本文选取 2014—2016 年间经营状况良好的公司;二是考虑到上市时间对企业碳会计信息披露的影响,在选取样本的过程中,剔除 ST、* ST 的上市公司以及在这三年间退市的公司,剔除 2013 年以后上市的公司;三是剔除 2014—2016 年间社会责任报告中数据缺失的公司,减少极端信息产生的影响。通过筛选,本文共筛选出符合条件的制造业上市公司 176 家,共有样本量 528 个。

碳会计信息披露指数是从样本公司的社会责任报告中手工收集整理得到,本文所用数据来源于 Wind 数据库、国泰安数据库和巨潮资讯网,并用 Eviews8.0 进行处理。

5.2.4　变量定义

5.2.4.1　被解释变量——碳会计信息披露指数(CDI)

本文研究所需要的碳会计信息披露指数主要是从企业的社会责任报告中获得,由于我国对碳会计信息披露没有统一的标准要求,各企业披露的碳信息也较为零散,不具有条理性,所以本文按照内容分析法对碳会计信息进行分类并赋予一定的分值,以便于研究。参考赵选民、张艺琼[75](2016)对碳信息披露水平的分类、CDP 及社会责任报告,本文将样本公司碳会计信息分为 5 大类 10 项具体项目说明,详细分类和评分标准见表5-2。在实证研究之前,本文需要把碳会计信息披露指数的评价标准确定出来,接下来碳会计信息披露指数的评价体系是根据客观性、独立性、广泛性和便捷性等原则构建的。本文采用内容分析法定量描述所选择制造业上市公司的碳信息披露情况,在汇总分析所选择制造业上市企业的碳会计信息披露指数时,为了消除主观因素对分析结果的影响,本文参考国内外研究学者对环境会计的研究方法,即采用将项目所得分值直接汇总的方法,给各具体披露项目相同的权重,然后对这些项目的得分直接加总求和,得分较高的企业说明该企业碳会计信息披露水平较高。本文所选择制造业上市企业的碳会计信息披露水平的计算公式为:碳会计信息披露指数 $CDIi = \sum CDIi$,$\sum CDIi$ 为第 i 家制造业上市公司碳会计信息披露各项目的得分之和。

表 5-2 碳会计信息披露水平评分表

披露项目	项目说明	评分标准
碳排放目标	是否披露了企业的碳排放目标	未披露得 0 分,简单说明得 1 分,详细描述得 2 分
碳排放战略	是否存在低碳管理战略说明 因发展低碳经济获得的各类效益的披露	
碳减排实施方法	是否对低碳科技进行了相关的研发与投入	未披露得 0 分,定性披露得 1 分,定性和定量相结合披露得 2 分
	是否对职工进行了低碳理念的培训	
	是否披露了企业低碳项目的开发及运行行为	
碳排放核算	是否披露了企业碳排放物的种类、数量 是否披露了企业碳排放的核算方法	
碳排放责任	企业是否披露了有害气体的排放	
	企业是否披露了因破坏环境而缴纳的罚款	

5.2.4.2 解释变量

根据前文相关的理论分析和文献回顾,结合国内外学者在对碳会计信息披露影响因素的研究时所主要选取的解释变量,考虑到目前我国上市公司对企业碳会计信息的披露还处于自愿阶段以及我国的经济发展状况,本文主要选取两类影响因素进行分析,一是财务特征影响其碳会计信息披露的主要因素,包括盈利能力、发展能力和偿债能力;二是公司特征影响其碳会计信息披露的主要因素,包括企业规模、股权性质和行业类型。在本文的分析中主要研究这些变量对我国制造业上市公司碳会计信息披露的影响。

1.盈利能力(ROE)

衡量企业盈利能力的指标通常有销售净利率、资产净利率和净资产收益率,其中,净资产收益率从所有者的视角来考察企业的盈利水平,具有很强的综合性。因此,本文用净资产收益率作为衡量盈利能力的指标,变量符号定义为 ROE。

2.发展能力(GROWTH)

发展性较高的企业一般会保持资产的稳定增长,总资产增长率反映了企业对资本的积累,可以看出企业未来的发展状况。因此本文选取总资产增长率作为衡量发展能力的指标,变量符号定义为 GROWTH。

3.偿债能力(LEV)

资产负债率反映了企业用债权人的资金进行经营活动的能力,也是评价公司负债水平的综合指标,因此本文选取资产负债率作为衡量企业偿债能力的指标,变量符号定义为 LEV。

4.公司规模(SIZE)

在国内外学者的研究中,市值、销售额和总资产都能表示企业规模,市值作为外生变量受市场影响较大,销售额和总资产是与企业经营相关的内生变量,而总资产体现了管理者对资产受托责任的履行情况,本文选取总资产作为衡量公司规模的指标,为提高实证结果的准确性,以总资产的对数来表示公司规模,变量符号定义为 SIZE。

5.股权性质(CSC)

股权性质作为虚拟变量,定义为 CSC,取值 0 或 1,当企业属于国有控股企业时取值为 1,当企业为非国有控股企业时取值为 0。

6.行业类型(IND)

行业类型设为虚拟变量,取值 0 或 1,若所属行业为重污染行业则取值为 1,为非重污染行业取值为 0。

5.2.4.3 控制变量——所在经济区域(DEG)

行业所处的位置对行业自身的发展会产生较大的影响,在经济发达的地区,人们会追求高质量的生活环境,对环境保护的意识也比较强烈,因此,处在经济发达地区的制造业上市公司会更加重视对自身形象的维护,从而会更加主动地披露企业的碳会计信息。而处在非发达地区的制造业,其生产的主要任务是拉动经济的增长,在其生产经营过程中会更多地在意企业生产所带来的经济增长,自身的碳会计信息披露水平相对较低。在本文的研究中,把北京、上海、天津、重庆、广东、浙江、江苏、福建等省市定义为经济发达地区,并且该变量也是虚拟变量,取值为 0 或 1,当制造业上市公司位于经济发达地区时为 1,当位于经济不发达地区时为 0。

表 5-3　变量定义表

变量类型	变量名称	指标符号	变量描述
被解释变量	碳会计信息披露水平	CDI	碳会计信息披露指数
解释变量	盈利能力	ROE	净资产收益率＝净利润/股东权益平均余额
	发展能力	GROWTH	总资产增长率＝本年总资产增长额/年初资产总额
	偿债能力	LEV	资产负债率＝负债合计/资产总计
	公司规模	SIZE	期末总资产取对数
	股权性质	CSC	国有控股企业取 1,非国有控股企业取 0
	行业类型	IND	重污染行业取 1,非重污染行业取 0
控制变量	所在经济区域	DEG	位于经济发达地区取 1,位于经济欠发达地区取 0

5.2.5　模型设定

根据前文所提的假设,本文把碳会计信息披露水平为被解释变量,把盈利能力、发展能力、偿债能力、公司规模、股权性质、行业类型为解释变量,以所在经济区域为控制变量,建立以下多元回归分析模型:

$$CDI = \alpha + \beta_1 ROE + \beta_2 GROETH + \beta_3 LEV + \beta_4 SIZE + \beta_5 CSC + \beta_6 IND + \beta_7 DEG + \varepsilon$$

式中:α 为常数项;$\beta_i (i=1,2,3,\cdots,7)$ 为解释变量的回归系数;ε 为随机误差项。

5.3　实证研究结果与分析

5.3.1　描述性统计分析

5.3.1.1　被解释变量的描述性统计分析

本文将从年度和行业两个方面对碳会计信息披露水平(CDI)进行描述

性统计分析。

1.分年度CDI描述性统计分析

从表5-4中可以看出,随着国家对低碳环保的重视以及相关政策的出台,企业对自身碳信息的披露有所增强,三年来碳会计信息披露水平的平均值虽然整体上呈现出上升趋势,但每年的平均值相差不大,这说明企业需要增强其对外披露碳会计信息的意识。从总体上看,碳会计信息披露水平的标准差为2.8588,这说明企业之前碳会计信息披露水平相差较大,呈现出参差不齐的态势,从均值来看,总体均值为5.3314,与极大值16相比较相差较大,这说明企业对碳会计信息披露的意识还有待加强,仍有较大的发展空间。

表5-4 分年度CDI描述性统计分析表

年份	样本量	极大值	极小值	均值	标准差
2014	176	13.0000	0.0000	5.2955	2.7925
2015	176	15.0000	0.0000	5.3523	2.8707
2016	176	16.0000	0.0000	5.3466	2.9276
合计	528	16.0000	0.0000	5.3314	2.8588

2.分行业CDI描述性统计分析

从表5-5和图5-1的分类统计结果可以看出,重污染行业有13类,非重污染行业有14类。从极值上来看,碳会计信息披露水平的极小值在0～5之间波动,极大值在1～16之间波动,这说明同一行业对碳会计信息的披露没有统一的标准要求,各企业有选择性的对外披露相关碳排放信息。从表5-5中可以看出,黑色金属冶炼及压延加工业的均值最高为7.4286,其次为石油加工、炼焦及核燃料加工业6.8333,说明这两类行业的碳会计信息披露水平高于其他行业,信息披露意识较强,但与极大值相比较仍有差距。从均值上来看,重污染行业披露水平均值为5.3059,非重污染行业的均值为5.4078,说明重污染行业和非重污染行业碳会计信息披露水平相差不大,非重污染行业的均值略高于重污染行业,说明碳会计信息披露水平可能不受行业类型的影响。从极大值、极小值以及标准差的结果来看,制造业企业碳会计信息披露的意识仍有很大的提升空间。

表 5-5　分行业 CDI 描述性统计分析表

行业名称	样本量	极大值	极小值	均值	标准差
重污染行业					
纺织服装、服饰业	3	2.0000	0.0000	0.6667	1.1547
纺织业	9	8.0000	3.0000	5.5556	1.9437
黑色金属冶炼及压延加工业	21	11.0000	2.0000	7.4286	3.1236
化学纤维制造业	6	8.0000	3.0000	5.1667	1.9408
化学原料及化学制品制造业	42	12.0000	1.0000	5.4286	3.1011
金属制品业	9	12.0000	2.0000	6.4444	3.8115
皮革、毛皮、羽毛及其制品和制鞋业	3	5.0000	3.0000	4.3333	1.1547
石油加工、炼焦及核燃料加工业	12	11.0000	4.0000	6.8333	2.2496
医药制造业	57	14.0000	1.0000	6.0702	3.3320
印刷和记录媒介复制业	3	1.0000	1.0000	1.0000	0.000
有色金属冶炼及压延加工业	33	10.0000	1.0000	3.6364	2.1038
橡胶和塑料制品业	12	4.0000	2.0000	3.0833	0.7930
造纸及纸制品业	9	7.0000	0.0000	4.000	2.7386
合计	219	14.0000	0.0000	5.3059	3.1070
非重污染行业					
电气机械及器材制造业	27	10.0000	1.0000	5.3703	2.3229
非金属矿物制品业	27	10.0000	3.0000	5.6296	2.0409
计算机、通信和其他电子设备制造业	79	16.0000	0.0000	5.0633	3.1352
林业	2	2.0000	1.0000	1.5000	0.5000
家具制造业	1	1.0000	1.0000	1.0000	0.0000
酒、饮料和精制茶制造业	21	9.0000	1.0000	5.3810	2.5783
农副食品加工业	9	7.0000	4.0000	5.1111	1.0541
汽车制造业	42	11.0000	1.0000	6.1905	2.5011
食品制造业	15	7.0000	2.0000	4.9333	1.2799
铁路、船舶、航空航天和其他运输设备制造业	12	9.0000	3.0000	4.5000	2.0226

续表

行业名称	样本量	极大值	极小值	均值	标准差
通用设备制造业	27	10.0000	2.0000	5.7778	2.3588
土木工程建筑业	3	6.0000	5.0000	5.6667	0.5774
专用设备制造业	42	13.0000	0.0000	5.8333	3.4352
综合	2	3.0000	2.0000	2.5000	0.7071
合计	309	16.0000	0.0000	5.4078	2.6972

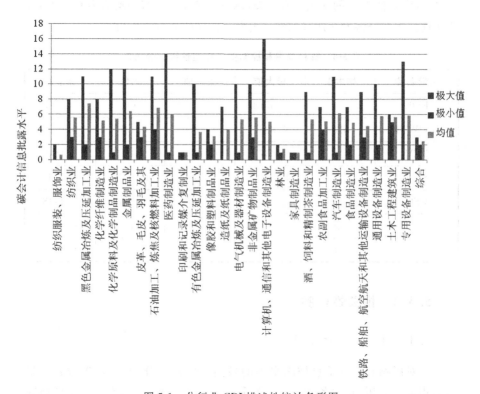

图 5-1 分行业 CDI 描述性统计条形图

5.3.1.2 解释变量和控制变量的描述性统计分析

表 5-6 包含了盈利能力（ROE）、发展能力（GROWTH）、偿债能力（LEV）、公司规模（SIZE）、股权性质（CSC）、行业类型（IND）和所在经济区域（DEG）等变量。从表中可以看出，净资产收益率的极大值为 0.3718，极小值为 -0.6302，均值为 0.0634，说明所选样本企业大多是盈利企业，但盈

利能力一般;总资产增长率从极小值-0.2703到极大值1.9060不等,标准差为0.1926,说明各企业的发展能力存在差异,有些企业发展能力较强,而有些企业发展能力较弱;资产负债率的大小代表了企业的偿债能力,资产负债率极小值为0.0595,极大值为1.0373,均值为0.4967,这说明企业的偿债能力不同,从均值可以看出资产负债率属于正常范围;总资产代表企业的规模,从表中可以看出公司规模极小值8.8899,极大值为11.7713,标准差为0.5164,说明所选样本公司的规模大小不同,也说明了样本的合理性。股权性质的均值为0.7292,说明有73%的公司属于国有控股公司;行业类型均值为0.4148,说明有41%的企业为重污染行业;所在经济区域的均值为0.4830,说明所选样本在经济发达地区和经济欠发达地区的分布较为均衡。

表 5-6 解释变量和控制变量描述性统计分析表

变量名称	样本量	极大值	极小值	均值	标准差
ROE	528	0.3718	-0.6302	0.0634	0.1103
GROWTH	528	1.9060	-0.2703	0.1072	0.1926
LEV	528	1.0373	0.0595	0.4967	0.1846
SIZE	528	11.7713	8.8899	10.1154	0.5164
CSC	528	1.0000	0.0000	0.7292	0.4448
IND	528	1.0000	0.0000	0.4148	0.4931
DEG	528	1.0000	0.0000	0.4830	0.5002

5.3.2 相关性检验

5.3.2.1 相关性分析

在对影响碳会计信息披露水平的各因素做回归分析之前,先做各变量间的相关性分析,检验各变量对被解释变量的相关程度,为本文后续的研究打下基础。表5-7为各变量间的相关性分析表,根据表中的检验结果,可以对被解释变量和各个变量之间的相关性做初步的分析。从表5-7的结果可以看出,碳会计信息披露水平(CDI)与发展能力(GROWTH)、股权性质(CSC)、所在经济区域(DEG)在5%的水平上显著正相关,与偿债能力(LEV)在5%的水平上显著负相关;碳会计信息披露水平(CDI)与公司规模(SIZE)在1%的水平上显著正相关。表明了前文的假设很有可能成立,具体的分析需要在多元回归分析中进行论证,也说明了本文变量选取得较为合理。

统计学上认为,当变量间的相关系数大于 0.8 时,各变量之间存在多重共线性的可能性较大,多重共线性会使回归结果产生偏差。从表 5-7 可以看出,各变量间相关系数的最大值不超过 0.4,说明变量之间基本上不存在多重共线性。

5.3.2.2　多重共线性检验

山上文的分析可知,本文所选的解释变量和控制变量之间不太可能存在多重共线性,为了进一步检验这些变量之间是否存在多重共线性的问题,本文做了解释变量和控制变量的容差和方差膨胀因子的检验,检验结果见表 5-8。

表 5-7　各变量间的相关性分析表

	CDI	ROE	GROWTH	LEV	SIZE	CSC	IND	DEG
CDI	1							
ROE	−0.03	1						
GROWTH	0.106**	−0.06	1					
LEV	−0.087**	0.102**	−0.021	1				
SIZE	0.357***	0.080*	−0.044	0.083*	1			
CSC	0.135**	−0.174***	−0.034	−0.046	0.077*	1		
IND	−0.02	−0.108**	−0.042	0.0483	−0.03	−0.049	1	
DEG	0.092**	0.145***	0.0191	0.175***	−0.036	0.078*	−0.121***	1

注:*** 表示在 1% 显著水平上相关;** 表示在 5% 显著水平上相关;* 表示在10% 显著水平上相关。

表 5-8　各变量多重共线性检验表

变量名称	容差(容忍度)	方差膨胀因子(VIF)
ROE	0.9164	1.0900
GROWTH	0.9895	1.0100
LEV	0.9474	1.0600
SIZE	0.9718	1.0300
CSC	0.9418	1.0600
IND	0.9649	1.0400
DEG	0.9232	1.0800
Mean VIF		1.0500

容差和方差膨胀因子是检验变量是否存在多重共线性的有效方法,当容差小于 0.1 或者方差膨胀因子大于 10 时,说明变量之间存在多重共线性。从表 5-8 可以看出,各变量的容差均大于 0.9,VIF 均小于 2,这说明各变量之间不存在多重共线性,可以进行多元回归分析。

5.3.3 多元回归分析

5.3.3.1 回归模型的显著性检验

一般而言,R 取值为 0 到 1 之间,R 越接近 1,表明相关性越强,拟合优度的 R^2 也是越接近 1,说明模型的拟合效果越好。在本文的研究中为了消除解释变量个数以及样本量对判定系数的影响,本文选取调整的 R^2 作为检验模型拟合优度的判定系数。统计学研究表明,在社会科学的研究中调整的 R^2 大于 0.1 时,说明模型是可以被接受的,从表 5-9 中可以看出,变量总体对被解释变量的调整的 R^2 为 0.1712 大于 0.1,说明本文选取的解释变量对被解释变量的解释能力是可以被接受的。为对回归模型的做进一步检验,本文用 F 检验对模型做显著性检验,结果见表 5-9。

表 5-9 回归模型显著性检验表

模型	R	R^2	调整的 R^2	F 统计量	P 值	Durbin-Watson
1	0.4269	0.1822	0.1712	16.5565	0.0000	1.8762

在数理统计中一般将置信水平为 95% 即显著性水平为 5% 作为显著性的判断标准,F 的显著性水平(即 P 值)小于 0.05,模型即为显著。从表 5-9 可以看出,回归模型 F 统计量的值为 16.5565,其显著性水平 P 值为 0.0000 小于 0.05,说明该回归模型是显著的。在统计学上,DW 值位于 1.5~2.5 之间时,表明不存在显著的自相关,由表 5-6 可以看出 DW 值为 1.8762,处于 1.5~2.5 之间,说明剩余残差项之间不存在自相关。

5.3.3.2 回归系数的显著性检验

运用软件得出回归系数后,需要进行显著性检验,对于单个回归系数的显著性检验一般用 t 检验来进行检验。从表 5-10 的结果可以看出,发展能力(GROWTH)、偿债能力(LEV)、公司规模(SIZE)和所在经济区域(DEG)这四个变量在 1% 的显著性水平上通过了检验;股权性质(CSC)在 5% 的显著水平上通过了检验;而盈利能力(ROE)和行业类型(IND)的 P 值较大,均大于 0.3,这两个解释变量没有通过显著性检验。

　　从表 5-10 中的系数可以看出，发展能力（GROWTH）、公司规模（SIZE）和股权性质（CSC）与被解释变量正相关，偿债能力（LEV）与被解释变量负相关，这四个解释变量与本文的假设一致。

表 5-10　回归系数的显著性检验表

Variable	Coefficient	Std. Error	t-Statistic	Prob.
C	−15.5978	2.2503	−6.9313	0.0000
ROE	−1.0524	1.0740	−0.9799	0.3276
GROWTH	1.7561	0.5919	2.96715	0.0031
LEV	−2.0166	0.6310	−3.1957	0.0015
SIZE	2.0762	0.2227	9.3231	0.0000
CSC	0.5646	0.2626	2.1498	0.0320
IND	0.1049	0.2340	0.4484	0.6541
DEG	0.7296	0.2359	3.0928	0.0021

5.3.4　实证研究结果分析

　　通过对回归模型结果的分析，比较本文的假设，得出以下实证结果：

　　假设一中盈利能力的系数为负，并且没有通过显著性检验，说明盈利能力对企业碳会计信息披露水平的影响不大，拒绝假设一。从理论上来说，盈利能力强的企业会更关注企业的社会形象，对企业碳会计信息的披露有一定的推动作用，但实证结果并非如此，可能的原因是：一方面，盈利能力强的企业在发展过程中为了获得更多的发展资金而保持较高的盈利能力，但在对企业碳会计信息有选择的进行披露，对于对企业排放的污染物的种类和数量以及对环境的污染披露得不全面，这就导致了总体披露水平不高；另一方面，有些企业追求短期内的高盈利水平而忽略了对碳会计信息水平的披露，这使得碳会计信息披露的整体水平不高。

　　假设二中的发展能力系数为正，在 1% 的显著性水平上通过了检验，说明发展能力越强，企业的碳会计信息披露水平越高，接受假设二。发展能力强的企业会更加注重企业的可持续发展和企业未来的发展状况，这些企业在发展过程中会更加重视对环境的保护，会更为全面地披露企业的碳排放信息以及在公司内部形成一套较为完整的核算方法。

　　假设三中的偿债能力系数为负，在 1% 的显著性水平上通过了检验，说明偿债能力越强的企业其碳会计信息披露水平越低，接受假设三。偿债能力弱的企业为了筹集更多的资金往往会树立良好的企业形象,更为充分地对外披露企业碳会计信息。另外,信用评级机构在对制造业上市公司进行信用评级时,会综合考虑企业的环保情况和可能面临的风险,同时债券人为了维护自身的权益也会对偿债能力弱的企业施加更多的压力。因此,偿债能力较弱的企业为了消除外界对其存在的疑虑,必然会更为全面地披露碳会计信息,偿债能力较强的企业对其碳会计信息的披露水平会低于偿债能力较弱的企业。

假设四中的公司规模系数为正,在1%的显著性水平上通过了检验,说明公司规模越大的企业碳会计信息披露水平越高,接受假设四。制造业上市公司规模越大,生产经营过程中消耗的资源也就越多,其碳排放量也越多,也越容易受到利益相关者的关注,企业的利益相关者对企业的关注不只是经营利润,他们还关注企业所承担的社会责任以及企业采取的节能减排措施。因此,规模大的企业会投入较多的资金来研发低碳科技和运行低碳项目,减少碳排放,同时也会注重其碳会计信息的披露,以树立良好的企业形象,吸引到更多的资金投入。

假设五中的股权性质系数为正,在5%的显著性水平上通过了检验,说明国有控股公司的碳会计信息披露水平高于非国有控股公司,接受假设五。国有控股公司生产经营过程会得到更多的政府补助,也会积极响应国家节能减排政策的号召,加大对环保的投入,提高碳会计信息的披露水平;同时国有控股公司在市场上需要起到表率作用,他们以较高的碳会计信息披露水平来带动其他公司对碳会计政策的实施。

假设六中的行业类型系数为正,但没有通过显著性检验,说明行业类型对碳会计信息披露水平的影响不大,拒绝接受假设六。可能的原因是:重污染行业在生产过程中为了维护自身的形象,在披露其碳排放量的时候有选择地进行披露,对于其对环境造成的污染以及碳排放的种类和数量进行了一些隐瞒,使得重污染行业的碳会计信息披露水平总体不高;另外,非重污染行业在生产过程中的碳排放较少,碳信息披露的意愿较强,这就使得行业类型对碳会计信息披露水平的影响不显著。

除了解释变量之外,本文还选取了所在经济区域作为控制变量,从回归结果来看,所在经济区域在1%的显著性水平上通过了检验,这说明公司的碳会计信息披露水平受公司所在地区的影响。经济发达地区人们的受教育水平较高,对环境的保护意识也较高,位于经济发达地区的公司受到当地政府和社会公众的监督,会提高其碳会计信息的披露水平,以获得当地政府的支持和公众的认可。

5.3.5　稳健性检验

在稳健性检验过程中,本文采用替换变量的方法,用营业收入(OPE)来替换公司规模,营业收入是企业主要的经营成果,也是企业取得利润的保障,能反映出企业经营状况和企业的规模,具有较好的替代性。本文对企业规模进行替换,用 178 家样本企业 528 个样本量做多元回归分析,稳健性回归检验结果如表 5-11 所示。

表 5-11　稳健性回归检验结果

Variable	Coefficient	Std. Error	t-Statistic	Prob.
C	−11.2652	1.9717	−5.7134	0.0000
ROE	−1.6453	1.0980	−1.4985	0.1346
GROWTH	1.8380	0.6000	3.0660	0.0023
LEV	−1.8618	0.6382	−2.9174	0.0037
OPE	1.6847	0.1993	8.4550	0.0000
CSC	0.5488	0.2665	2.0593	0.0400
IND	−0.0363	0.2371	−0.1530	0.8784
DEG	0.7322	0.2391	3.0623	0.0023
$R^2=0.1609$	调整的 $R^2=0.1496$		$F=14.2465(P=0.0000)$	

从表中回归结果可以看出,替换之后的变量营业收入仍在显著性为 1% 的水平上通过了检验,营业收入(OPE)对碳会计信息披露水平的影响为显著的正相关,并且替换变量之后回归模型调整的 R^2 为 0.1496, F 统计量为 14.2465(P 值为 0.0000)通过了显著性检验。由此可知,本文设定的回归模型通过稳健性检验,说明本文所建模型和实证结果较为可靠。

第6章 结论与展望

6.1 结论

6.1.1 中国碳排放的智能预测

本文将碳排放预测研究与人工神经网络研究紧密结合,分别建立基于 BP 神经网络、RBF 神经网络、小波神经网络的碳排放预测模型。在碳排放预测模型中,为达到预期的拟合精度,本文在训练样本时采取了迭代训练的方法。通过比对拟合效果,发现 RBF 神经网络能较好地预测碳排放情况。

根据"十三五"期间的碳排放影响因素的情景值,运用基于 RBF 神经网络的碳排放预测模型预测 2016—2020 年我国的碳排放情况。主要得出以下结论:

(1)智能预测模型中,BP 神经网络和 RBF 神经能输出较好的拟合效果,大体反映了预测输出和期望输出的相同趋势,平均预测误差接近于 5%。然而,小波神经网络未能达到预期效果,因小波分析的特点是时域都具有紧支集或近似紧支集,对预测数据的时间相关性较强,可以比较精确地进行短时预测。但是,对于碳排放预测这种时间跨度较大的长期预测不能达到很好的拟合。

(2)控制人口过快增长,鼓励低碳的生活方式是实现减碳途径的重要保证。我国是一个人口大国,人口基数大,应相应地控制人口的过快增长,鼓励低碳的生活方式和消费模式。提高人们的节约意识和环保意识,建立其低碳的生活方式和消费模式,不仅可以减少 CO_2 的排放量,还能减少能源消费量以达到节约能源的目的。

(3)优化产业结构,尽早实现第三产业占比目标。自 2012 年第三产业增加值占比首次超过工业以后,中国经济已由工业主导向服务业主导转型,第三产业也成为稳定经济增长以及就业的重要支撑。尽早实现第三产业占比目标,不仅能降低对能源消费依赖,也可促使 2030 年的碳排放峰值尽早实现。

— 146 —

6.1.2　河南省碳排放峰值预测

通过对河南省经济社会发展、能源消耗和碳排放现状进行综合整理以及系统分析,同时通过运用系统动力学对河南省工业、商民、交通、土林四个领域碳排放情景进行模拟,进而汇集各领域结果得到全社会碳排放模拟结果,并进一步比较现情景和强约束情景,综合考量能源结构、产业结构、技术水平、城镇化率等因素,得到河南省全社会碳排放发展结论如下:

节能降碳工作深入实施,成效明显。2005 年到 2015 年间,主要耗能行业单位工业增加值大幅下降,能效水平显著提高。三次产业结构不断优化,从"十二五"期间来看,2015 年低能耗、低排放的服务业占比比 2010 年提高了 8.9 个百分点。说明能源结构持续改善,非化石能源消费逐步增加。且万家企业节能低碳行动效果明显,建筑、交通等行业节能有序开展。但在取得成效的同时,下步节能降碳工作也面临诸多问题。

能源刚性需求快速增长,节能降碳有压力。随着全省经济社会仍将保持平稳发展、城市化进程继续加快、建筑规模持续扩大、交通总量保持持续增长势头,全社会能源刚性需求将大幅增加,不断增长的能源消费需求与能源消费总量控制间的矛盾日渐突出,实现以有限的能源消耗和较低的碳排放保障经济社会的持续较快发展压力大,继续实现有限能源消耗和低碳排放保障经济社会持续较快发展的难度逐步加大。

节能潜力得到较大程度释放,节能降碳空间受到压缩。全省围绕调结构、促转型,大力开展节能降碳工作,节能潜力得到较大程度释放。高耗能领域"以退促降"的空间进一步缩小,以传统手段推进节能减碳工作的边际成本逐渐增加,实现"以退促降"向"内涵促降"的转变还需要一个持续推进的过程,进一步节能降碳工作压力较大。

能源结构调整进入瓶颈期,节能降碳难度较大。受资源禀赋制约,河南省煤炭消费在一次能源消费总量中的占比达到 76% 左右,较全国平均水平高出 10 个百分点,由煤炭消费产生的污染物已成为河南省大气污染物和温室气体排放的主要来源之一。考虑到水能资源基本开发殆尽、新能源较长时期内只能作为补充能源,河南省以煤炭为主的能源生产和消费结构仍将维持较长时间,由此带来的能源消费结构调整难题短期内难以破解。

6.1.3　碳信息披露影响因素

本文以 2014—2016 年我国制造业上市公司中连续三年披露社会责任报告的公司为研究样本,对影响碳会计信息披露水平的因素做了实证检验,得出了如下结论：

（1）通过对相关资料的收集、整理和分析发现，2014—2016 年间满足样本筛选条件的公司仅有 176 家，占比较小。由于目前我国没有出台关于碳会计信息披露的法规政策，没有统一的标准来规范企业的披露行为，通过社会责任报告可以看出，企业在对外披露碳会计信息时主观性较大，披露的内容和位置不固定。从披露的方式上来看，各公司对碳会计信息的披露大多选择披露在年度报告和社会责任报告；从披露的内容上来看，对碳会计信息的定性描述较多，而定量披露较少，对公司的碳排放目标和低碳科技的投入主要是文字性披露，缺乏相应的数据，对公司因发展低碳经济而获得的社会效益方面的信息披露较少，同时公司对员工的低碳理念培训和碳排放核算方法的披露较少，这说明大多数公司内部缺乏相应的专业人才，也没有标准的碳排放核算体系。因此，我国的碳会计信息披露还有很大的发展空间。

（2）从对碳会计信息披露水平整理的数据来看，我国碳会计信息披露水平有所提高。从 2014 年到 2016 年，企业碳会计信息披露水平整体上呈上升趋势，虽然 2016 年的平均值较 2015 年略有降低，但仍大于三年的平均值，说明制造业企业碳会计信息披露的意识在增强，但从标准差可以看出，企业之间对碳会计信息披露的差异较大，从对被解释变量分行业的描述性统计中可以看出，各行业之间碳会计信息披露水平存在差异。总体上来看，碳会计信息披露水平三年的平均值 5.3314 与极大值 16 之间还有很大的差距，说明企业的低碳减排意识有待进一步加强，我国对碳会计信息披露的工作也需要进一步的完善。

（3）从对碳会计信息影响因素的实证分析结果来看，发展能力、偿债能力、公司规模、股权性质和所在经济区域对碳会计信息披露水平有显著的相关关系。发展能力越强的企业越注重对环境的保护，对碳会计信息的披露也更为完善；偿债能力强的企业受到来自政府和债权人的压力较小，其营运资金也能较为容易的筹集，因此其对碳会计信息的披露水平低于偿债能力弱的企业；规模越大的公司越重视企业自身的形象，也会较为全面地披露公司的碳排放信息；国有控股公司一般责任意识较强，且受到的来自政府和公众的关注较多，在市场上起到了带头作用，国有控股公司对碳排放信息披露的重视，能够带动其他公司对碳信息披露的重视，所以国有控股公司碳会计信息披露水平要高于非国有控股公司；处于经济发达地区的企业在其生产经营过程中要更加注意对环境的保护，以便筹集更多的经营资金，所以经济发达地区的碳会计信息披露水平要高于经济欠发达地区。而盈利能力和行业类型没有通过显著性检验，这可能是因为盈利能力强的企业更加地重视生产规模的扩张而忽略了对环境的保护造成了企业碳会计信息披露水平总体较低；重污染的企业对碳排放信息的隐瞒使得行业的整体披露水平不高。

综上，可以看出我国碳会计信息披露还有很大的提升空间，国家也需要出台相应的政策来提高企业碳会计信息披露的意识，规范企业碳会计信息的披露内容和形式，使之具有可比性，满足信息使用者对碳会计信息的使用。

6.2　展望

完善碳排放预测模型的影响指标因素。由于碳排放预测系统的复杂性，其内部的规律性需要大量的实证研究予以揭示，由于系统样本单一，会在模型检验方面存在一定的局限性。因此，今后有必要对不同样本进行大量、深入的实证研究，以揭示影响碳排放预测因素的内在规律。

鉴于中国 2017 年底已开展全国碳交易平台运作，在以后的研究过程中，应该将碳交易的影响分别加入到工业、商民、交通、土林等领域的低碳研究以及全社会碳排放系统的构建中，努力在碳交易碳配额领域也有所突破。

完善企业碳会计信息披露体系，使企业碳会计信息的披露行为规范化；在以后的研究中增加样本量，扩充样本的选择方式，选取更具有解释能力的解释变量，同时对被解释变量进行权重评分，减少主观因素的影响，增强结果的可靠性。

参考文献

[1]Ayuso M，Larrinaga C. Environmental Disclosure in Spain：Corporate Characteristics and Media Exposure［J］. Revista Española De Financiación Y Contabilidad，2003，32(115)：184-214.

[2]Stanny E，Ely K. Corporate environmental disclosures about the effects of climate change[J]. Corporate Social Responsibility & Environmental Management，2008，15(6)：338-348.

[3]Reid E M，Toffel M W. Responding to Public and Private Politics：Corporate Disclosure of Climate Change Strategies［J］. Strategic Management Journal，2009，30(11)：1157-1178.

[4]Kim E H，Lyon T P. Strategic environmental disclosure：Evidence from the DOE's voluntary greenhouse gas registry[J]. Journal of Environmental Economics & Management，2011，61(3)：311-326.

[5]Lovell H，Raquel S D A T，Bebbington J，et al. Accounting for Carbon[J]. Social Science Electronic Publishing，2010，2(1)：4-6.

[6]Luo L，Lan Y C，Tang Q. Corporate Incentives to Disclose Carbon Information：Evidence from the CDP Global 500 Report[J]. Journal of International Financial Management & Accounting，2012，23（2）：93-120.

[7]Wegener M，Elayan F A，Felton S，et al. Carbon Disclosure Project and Environmental Corporate Governance[J]. Ssrn Electronic Journal，2012(10).

[8]Peters G F，Romi A M. Does the Voluntary Adoption of Corporate Governance Mechanisms Improve Environmental Risk Disclosures? Evidence from Greenhouse Gas Emission Accounting[J]. Journal of Business Ethics，2014，125(4)：637-666.

[9]陈华,刘婷,张艳秋.公司特征、内部治理与碳信息自愿性披露——基于合法性理论的分析视角[J].生态经济(中文版),2016,32(9):52-58.

[10]王仲兵,靳晓超.碳信息披露与企业价值相关性研究[J].宏观经济

研究,2013(1):86-90.

[11]苑泽明,王金月.碳排放制度、行业差异与碳信息披露——来自沪市 A 股工业企业的经验数据[J].财贸研究,2015(4):150-156.

[12]杜湘红,杨佐弟,伍奕玲.长江经济带企业碳信息披露水平的省域差异[J].经济地理,2016,36(1):165-170.

[13]李飞,黄乐.基于可持续发展视域下的企业碳会计信息披露因素分析[J].商业会计,2016(8):4-6.

[14]杨璐,吴杨,唐勇军,等.公司治理特征与碳信息披露——基于 2012—2014 年 A 股上市公司的经验证据[J].财会通讯,2017(3):20-25.

[15]靳馨茹.碳会计信息披露、媒体态度与企业声誉研究[J].会计之友,2017(23):20-24.

[16]王建明.环境信息披露、行业差异和外部制度压力相关性研究——来自我国沪市上市公司环境信息披露的经验证据[J].会计研究,2008(6):54-62.

[17]吴勋,徐新歌.公司治理特征与自愿性碳信息披露——基于 CDP 中国报告的经验证据[J].科技管理研究,2014(18):213-217.

[18]Crompton P,Wu Y R. Energy consumption in China:Past trend and future direction. Energy Economics,2005,27:195-208.

[19]Ediger V S,Akar S. ARIMA forecasting of primary energy demand by fuel in Thrkey. Energy Policy,2007,35:1701-1708.

[20]Mackay R M,Probert S D. Crude oil and natural gas supplies and demands for Danmark. Applied Energy,1995,50:209-232.

[21]Ghosh S. Fhture demand of petroleum products in India. Energy Policy,2006,34:2032-2037.

[22]Canyurt O E,Ceylan H,Ozturk H K. Energy demand estimation based on two-different genetic algorithm approaches. Energy Sources,2004,26:1313-1320.

[23]刘建翠.中国交通运输部门节能潜力和碳排放预测[J].资源科学,2011,33(4):640-646.

[24]聂锐,张涛,王迪.基于 IPAT 模型的江苏省能源消费与碳排放情景研究[J].自然资源学报,2010,25(9):1557-1564.

[25]李科.我国城乡居民生活能源消费碳排放的影响因素分析[J].消费经济,2013,29(2):73-77.

[26]魏娜,陈浮,张绍良,等.中国碳排放特征及驱动因素分析[J].江苏农业科学,2011(3):1-3.

[27]杜强,陈乔,陆宁.基于改进 IPAT 模型中的未来碳排放预测网[J].环境科学学报,2012,(9):2294-2302.

[28]滕欣.中国碳排放预测与影响因素分析[J].北京理工大学学报(社会科学版),2012(5):11-18.

[29]杜京义.神经网络[M].西安:西安电子科技大学出版社,2007.

[30]曲艳敏,白宏涛,徐鹤.基于情景分析的湖北省交通碳排放预测研究[J].环境污染与防治,2010,32(10):102-110.

[31]赵息,齐建民,刘广为.基于离散二阶差分算法的中国碳排放预测[J].干旱区资源与环境,2033(1):63-69.

[32]邓聚龙.灰预测与灰决策[M].武汉:华中科技大学出版社,2002.

[33]曹虹.基于 BP 神经网络的交通流量预测[D].长安大学,2012.

[34]宋杰鲲.基于 STIRPAT 和偏最小二乘回归的碳排放预测模型[J].统计与决策,2011(24):19-22.

[35]赵欣,龙如银.考虑全要素生产率的中国碳排放影响因素分析[J].资源科学,2010,32(10):2863-1870.

[36]纪建悦,孔胶胶.基于 STIRFDT 模型的海洋交通运输业碳排放预测研究[J].科技管理研究,2012(6):79-81.

[37]王宪恩,何小刚,史记,等.吉林省碳排放影响因素分析及与经济增长的脱钩研究[J].东北师大学报(自然科学版)资源科学,2013,45(2):134-138.

[38]张新红,王哲如.我国关于部门影响因素分析[J].工业技术经济,2013(5):123-129.

[39]杜强,陈乔,杨锐.基于 Logistic 模型的中国各省碳排放预测[J].长江流域资源与环境,2013(2):123-129.

[40]朱勤,彭希哲,陆志明,等.人口与消费对碳排放影响的分析模型与实证.中国人口·资源与环境,2010,20(2):98-102.

[41]郑义,徐康宁.中国碳排放增长的驱动因素分析[J].财贸经济,2013(2):124-136.

[42]梁朝晖.上海市碳排放的历史特征与远期趋势分析[J].上海经济研究,2009,(7):79-87.

[43]国家人口发展战略研究组.国家人口发展战略研究[DB/OL].http://www.china.com.cn/news/txt/2007-01/II/content_7640975.htm,2007-01-11.

[44]潘家华,魏后凯.中国城市发展报告 No.8(2010 版)[M].北京:社会科学文献出版社,2010.

[45]江国成."十一五"期间中国单位 GDP 能耗预计下降 19.06%[DB/OL]. http://www. mof. gov. cn/zhengwuxinxi/caijingshidian/xinhuanet/201102/t20110211_445702. html,2011-02-11.

[46]姜克隽,胡秀莲.中国与全球温室气体排放情景分析模型(IPAC-Emission)[M].北京:能源研究所,2004.

[47]曹斌,林剑艺,崔胜.基于 LEAP 的厦门市节能与温室气体减排潜力情景分析[J].生态学报,2010,30(12):3358-3367.

[48]杨华云.收入增长纳入"十二五"指标[N].新京报,2010-11-03.

[49]魏一鸣,刘兰翠,范英,等.中国能源报告(2008)碳排放研究[M].北京:科学出版社,2008.

[50]秦菲菲."十二五"单位 GDP 能耗下降目标 17.3%[N].上海证券报,2010-10.

[51]郭娇,齐德生,张妮娅,等.中国畜牧业温室气体排放现状及峰值预测[J].农业环境科学学报,2017,36(10):2106-2113.

[52]胡永成,陈红举,段理杰.省级农业温室气体清单编制工作研究[J].河南科学,2016,34(5):692-697.

[53]师晓琼,赵先贵.温室气体排放动态变化及影响因素研究——以河南省为例[J].陕西农业科学,2014,60(7):34-38.

[54]张劲松,杨书房.碳强度考核背景下地方政府的行为偏差与角色规范[J].中国特色社会主义研究,2015(6):87-93.

[55]王媛媛.中国碳交易市场建设现状及问题研究[D].对外经济贸易大学,2013.

[56]蔡振华,沈来新,刘俊国,等.基于投入产出方法的甘肃省水足迹及虚拟水贸易研究[J].生态学报,2012,32(20):6481-6488.

[57]潘强敏.国民经济行业分类标准问题研究[J].统计科学与实践,2012(6):16-18.

[58]赵义民.河南森林资源连续清查体系研究[J].河南农业大学学报,2005,39(4):402-405.

[59]谢婧,盛利,施学忠.河南省人口老龄化发展趋势预测[J].郑州大学学报(医学版),2008,43(2):289-291.

[60]王波.国家能源局印发煤层气开发利用"十三五"规划[J].能源研究与信息,2016(4):231-231.

[61]叶彬,杨敏,李方一,等.能源约束下安徽省产业结构优化目标与对策研究[J].华东经济管理,2017,31(3):21-27.

[62]韩晓平."十三五"能源规划需要新发展理念[J].中国石油和化工,

2016(8):4-8.

[63]赵英民."十三五"生态环境保护规划[J].环境经济,2016,37(za):12-12.

[64]林秀丽.中国机动车行驶里程分布规律[J].环境科学研究,2009(03).

[65]栗朋朋.河南乔木林生长现状及生长碳吸收研究[J].创新科技,2013,32-33.

[66]徐济德.我国第八次森林资源清查结果及分析[J].林业经济,2014(3).

[67]孙赫,梁红梅,等.中国土地利用碳排放及其空间关联[J].经济地理,2015(03).

[68]汤亚莉,陈自力,刘星,等.我国上市公司环境信息披露状况及影响因素的实证研究[J].管理世界,2006(1):158-159.

[69]谢慧珍.我国上市公司碳会计信息披露影响因素研究——基于四大碳排放行业的经验数据[D].杭州电子科技大学,2014.

[70]李力,刘全齐,常凯.碳信息披露与企业特征关系的面板数据分析[J].财会通讯,2016(9):81-85.

[71]张俊瑞,郭慧婷,贾宗武,等.企业环境会计信息披露影响因素研究——来自中国化工类上市公司的经验证据[J].统计与信息论坛,2008,23(5):32-38.

[72]郑春美,向淳.我国上市公司环境信息披露影响因素研究——基于沪市170家上市公司的实证研究[J].科技进步与对策,2013,30(12):98-102.

[73]王薛祺.我国制造业企业碳会计信息披露及其影响因素分析研究[D].南华大学,2015.

[74]高美连,石泓.碳信息披露影响因素实证研究——来自制造业上市公司的经验证据[J].财会通讯,2015(3):90-92.

[75]赵选民,张艺琼.公司特征与碳信息披露水平的实证检验——基于沪市A股重污染行业的经验证据[J].财会月刊,2016(8):15-19.

附　录

1. BP 神经网络模型实现代码

```
%% 清空环境变量
clc
clear
%% 训练数据预测数据提取及归一化
% 加载输入输出数据
load newmydata input_train output_train input_test output_test
% 训练样本迭代跨度
span= 3;
% 计算样本大小
[m,n]= size(input_train);
% 选连样本输入输出数据归一化
[inputn,inputps]= mapminmax(input_train);
[outputn,outputps]= mapminmax(output_train);
% inputn= input_train;
% outputn= output_train;
%% BP 网络训练
%% 初始化网络结构
net= newff(inputn,outputn,5,{'tansig','purelin'});
net.trainParam.epochs= 1000;
net.trainParam.lr= 0.25;
net.trainParam.goal= 0.01;
% 网络迭代训练
an= zeros(1,n- span);
for j= 1:n
if j+ span- 1< n
net= train(net,inputn(:,j:j+ span- 1),outputn(:,j:j+ span- 1));
%% 建立测试样本
input_test= inputn(:,j+ span);
an(1,j)= sim(net,input_test);
```

```
end
end
%  网络输出反归一化
BPoutput= mapminmax('reverse',an,outputps);
%  BPoutput= an;


%%  结果分析
figure(1)
plot(BPoutput,':og')
hold on
%  plot(output_test,'- * ');
plot(output_train(:,span+ 1:n),'- * ');
legend('预测输出','期望输出')
%  title('BP神经网络预测输出','fontsize',12)
ylabel('函数输出','fontsize',12)
xlabel('样本','fontsize',12)
%  平均预测误差
error= (BPoutput- output_train(:,span+ 1:n))/(n- span);


figure(2)
plot(error,'- * ')
%  title('BP神经网络预测误差','fontsize',12)
ylabel('误差','fontsize',12)
xlabel('样本','fontsize',12)


figure(3)
plot((output_train(:,span+ 1:n)- BPoutput)./BPoutput,'- * ');
%  title('BP神经网络预测误差百分比')
ylabel('误差百分比','fontsize',12)
xlabel('样本','fontsize',12)
errorsum= sum(abs(error))
```

2. RBF 神经网络模型实现代码

```
%%  清空环境变量
clc
clear
%%  加载训练样本(训练输入,训练输出)
load newmydata input_train output_train input_test output_test
```

```
% 训练样本迭代跨度
span= 3;
% 计算样本大小
[m,n]= size(input_train);
% 选连样本输入输出数据归一化
[inputn,inputps]= mapminmax(input_train);
[outputn,outputps]= mapminmax(output_train);
%% 建立 RBF 神经网络
% 采用 approximate RBF 神经网络。spread 为默认值
an= zeros(1,n- span);
for j= 1:n
if j+ span- 1< n
net= newrb(inputn(:,j:j+ span- 1),outputn(:,j:j+ span- 1),0.01,0.6);
%% 建立测试样本
input_test= inputn(:,j+ span);
an(1,j)= sim(net,input_test);
%  outputn(:,j+ 10)= an(1,j);
end
end


% 网络输出反归一化
RBFoutput= mapminmax('reverse',an,outputps);


%% 结果分析

figure(1)
plot(RBFoutput,':og')
hold on
plot(output_train(:,span+ 1:n),'- * ');
legend('预测输出','期望输出')
% title('RBF 神经网络预测输出','fontsize',12)
ylabel('函数输出','fontsize',12)
xlabel('样本','fontsize',12)
% 平均预测误差
error= (RBFoutput- output_train(:,span+ 1:n))/(n- span);

figure(2)
plot(error,'- * ')
% title('RBF 神经网络预测误差','fontsize',12)
```

```
ylabel('误差值','fontsize',12)
xlabel('样本','fontsize',12)

figure(3)
plot((output_train(:,span+ 1:n)- RBFoutput)./RBFoutput,'- * ');
%  title('RBF神经网络预测误差百分比')
ylabel('误差百分比','fontsize',12)
xlabel('样本','fontsize',12)
errorsum= sum(abs(error))
```

3. 小波神经网络模型实现代码

```
% %  清空环境变量
clc
clear


% %  加载训练数据
load newmydata.mat input output input_test output_test
% 训练样本跨度
    span= 3;
M= size(input,2);% 输入节点个数
N= size(output,2);% 输出节点个数

n= 8;% 隐形节点个数
lr1= 0.25;% 学习概率
lr2= 0.05;% 学习概率
maxgen= 300;% 迭代次数

% 权值初始化
Wjk= randn(n,M);Wjk_1= Wjk;Wjk_2= Wjk_1;
Wij= randn(N,n);Wij_1= Wij;Wij_2= Wij_1;
a= randn(1,n);a_1= a;a_2= a_1;
b= randn(1,n);b_1= b;b_2= b_1;

% 节点初始化
y= zeros(1,N);
net= zeros(1,n);
net_ab= zeros(1,n);
```

```matlab
% 权值学习增量初始化
d_Wjk= zeros(n,M);
d_Wij= zeros(N,n);
d_a= zeros(1,n);
d_b= zeros(1,n);

%% 输入输出数据归一化
[inputn,inputps]= mapminmax(input');
[outputn,outputps]= mapminmax(output');
inputn= inputn';
outputn= outputn';

% 网络训练
an= zeros(1,n- 1);
st= size(inputn,1);
for t= 1:st
if t+ span- 1< st
inputnn= inputn(t:t+ span- 1,:);
outputnn= outputn(t:t+ span- 1,:);

for i= 1:maxgen

    % 误差累计
    error(i)= 0;

    % 循环训练
    for kk= 1:size(inputnn,1)
        x= inputnn(kk,:);
yqw= outputnn(kk,:);

        for j= 1:n
            for k= 1:M
                net(j)= net(j)+ Wjk(j,k)* x(k);
                net_ab(j)= (net(j)- b(j))/a(j);
            end
            temp= mymorlet(net_ab(j));
            for k= 1:N
                y= y+ Wij(k,j)* temp; % 小波函数
            end
```

```
    end

    % 计算误差和
    error(i)= error(i)+ sum(abs(yqw- y));

    % 权值调整
    for j= 1:n
        % 计算 d_Wij
        temp= mymorlet(net_ab(j));
        for k= 1:N
            d_Wij(k,j)= d_Wij(k,j)- (yqw(k)- y(k))* temp;
        end

% 计算 d_Wjk
    temp= d_mymorlet(net_ab(j));
        for k= 1:M
            for l= 1:N
                d_Wjk(j,k)= d_Wjk(j,k)+ (yqw(l)- y(l))* Wij(l,j) ;
            end
            d_Wjk(j,k)= - d_Wjk(j,k)* temp* x(k)/a(j);
        end
        % 计算 d_b
        for k= 1:N
            d_b(j)= d_b(j)+ (yqw(k)- y(k))* Wij(k,j);
        end
        d_b(j)= d_b(j)* temp/a(j);
        % 计算 d_a
        for k= 1:N
            d_a(j)= d_a(j)+ (yqw(k)- y(k))* Wij(k,j);
        end
        d_a(j)= d_a(j)* temp* ((net(j)- b(j))/b(j))/a(j);
    end

    % 权值参数更新
    Wij= Wij- lr1* d_Wij;
    Wjk= Wjk- lr1* d_Wjk;
    b= b- lr2* d_b;
    a= a- lr2* d_a;
```

```
            d_Wjk= zeros(n,M);
            d_Wij= zeros(N,n);
            d_a= zeros(1,n);
            d_b= zeros(1,n);

            y= zeros(1,N);
            net= zeros(1,n);
            net_ab= zeros(1,n);

            Wjk_1= Wjk;Wjk_2= Wjk_1;
            Wij_1= Wij;Wij_2= Wij_1;
            a_1= a;a_2= a_1;
            b_1= b;b_2= b_1;
        end
end


%% 建立测试样本
x= inputn(t+ span,:);

% 网络预测
for i= 1:1
    x_test= x(i,:);

    for j= 1:1:n
        for k= 1:1:M
            net(j)= net(j)+ Wjk(j,k)* x_test(k);
            net_ab(j)= (net(j)- b(j))/a(j);
        end
        temp= mymorlet(net_ab(j));
        for k= 1:N
            y(k)= y(k)+ Wij(k,j)* temp;
        end
    end

    yuce(i)= y(k);
    y= zeros(1,N);
    net= zeros(1,n);
    net_ab= zeros(1,n);
end
```

```
yucee(t)= yuce;
end
end
```

% 预测输出反归一化
```
ynn= mapminmax('reverse',yucee,outputps);
```

%% 结果分析
```
figure(1)
plot(ynn,'r* :')
hold on
%  plot(output_test,'bo- - ')
plot(output(span+ 1:st,:),'bo- - ')
%  title('小波神经网络预测输出','fontsize',12)
legend('预测输出','期望输出')
xlabel('样本')
ylabel('函数输出')
```

% 平均预测误差
```
error= (ynn- output(span+ 1:st,:)')/(st- span);
```

```
figure(2)
plot(error,'- * ')
%  title('小波神经网络预测误差','fontsize',12)
ylabel('误差值','fontsize',12)
xlabel('样本','fontsize',12)
```

```
figure(3)
plot((output(span+ 1:st,:)- ynn')./output(span+ 1:st,:),'- * ');
%  title('小波神经网络预测误差百分比')
ylabel('误差百分比','fontsize',12)
xlabel('样本','fontsize',12)
errorsum= sum(abs(error))
```